中国古代水利

王 俊 编著

中国商业出版社

图书在版编目（CIP）数据

中国古代水利／王俊编著．--北京：中国商业出版社，2015.10（2022.9 重印）

ISBN 978-7-5044-8551-9

Ⅰ.①中… Ⅱ.①王… Ⅲ.①水利史-中国-古代 Ⅳ.①TV-092

中国版本图书馆 CIP 数据核字（2015）第 229245 号

责任编辑：常 松

中国商业出版社出版发行

（www.zgsycb.com 100053 北京广安门内报国寺 1 号）

总编室：010-63180647 编辑室：010-83114579

发行部：010-83120835/8286

新华书店经销

三河市吉祥印务有限公司印刷

*

710 毫米×1000 毫米 16 开 12.5 印张 200 千字

2015 年 10 月第 1 版 2022 年 9 月第 2 次印刷

定价：25.00 元

* * * *

（如有印装质量问题可更换）

《中国传统民俗文化》编委会

序　言

　　中国是举世闻名的文明古国,在漫长的历史发展过程中,勤劳智慧的中国人创造了丰富多彩、绚丽多姿的文化。这些经过锤炼和沉淀的古代传统文化,凝聚着华夏各族人民的性格、精神和智慧,是中华民族相互认同的标志和纽带,在人类文化的百花园中摇曳生姿,展现着自己独特的风采,对人类文化的多样性发展做出了巨大贡献。中国传统民俗文化内容广博,风格独特,深深地吸引着世界人民的眼光。

　　正因如此,我们必须按照中央的要求,加强文化建设。2006 年 5 月,时任浙江省委书记的习近平同志就已提出:"文化通过传承为社会进步发挥基础作用,文化会促进或制约经济乃至整个社会的发展。"又说,"文化的力量最终可以转化为物质的力量,文化的软实力最终可以转化为经济的硬实力。"(《浙江文化研究工程成果文库总序》)2013 年他去山东考察时,再次强调:中华民族伟大复兴,需要以中华文化发展繁荣为条件。

　　正因如此,我们应该对中华民族文化进行广阔、全面的检视。我们应该唤醒我们民族的集体记忆,复兴我们民族的伟大精神,发展和繁荣中华民族的优秀文化,为我们民族在强国之路上阔步前行创设先决条件。实现民族文化的复兴,必须传承中华文化的优秀传统。现代的中国人,特别是年轻人,对传统文化十分感兴趣,蕴含感情。但当下也有人对具体典籍、历史事实不甚了解。比如,中国是书法大国,谈起书法,有些人或许只知道些书法大家如王羲之、柳公权等的名字,知道《兰亭集序》

是千古书法珍品,仅此而已。

再如,我们都知道中国是闻名于世的瓷器大国,中国的瓷器令西方人叹为观止,中国也因此获得了"瓷器之国"(英语 china 的另一义即为瓷器)的美誉。然而关于瓷器的由来、形制的演变、纹饰的演化、烧制等瓷器文化的内涵,就知之甚少了。中国还是武术大国,然而国人的武术知识,或许更多来源于一部部精彩的武侠影视作品,对于真正的武术文化,我们也难以窥其堂奥。我国还是崇尚玉文化的国度,我们的祖先发现了这种"温润而有光泽的美石",并赋予了这种冰冷的自然物鲜活的生命力和文化性格,如"君子当温润如玉",女子应"冰清玉洁""守身如玉";"玉有五德",即"仁""义""智""勇""洁";等等。今天,熟悉这些玉文化内涵的国人也为数不多了。

也许正有鉴于此,有忧于此,近年来,已有不少有志之士开始了复兴中国传统文化的努力之路,读经热开始风靡海峡两岸,不少孩童以至成人开始重拾经典,在故纸旧书中品味古人的智慧,发现古文化历久弥新的魅力。电视讲坛里一拨又一拨对古文化的讲述,也吸引着数以万计的人,重新审视古文化的价值。现在放在读者面前的这套"中国传统民俗文化"丛书,也是这一努力的又一体现。我们现在确实应注重研究成果的学术价值和应用价值,充分发挥其认识世界、传承文化、创新理论、资政育人的重要作用。

中国的传统文化内容博大,体系庞杂,该如何下手,如何呈现?这套丛书处理得可谓系统性强,别具匠心。编者分别按物质文化、制度文化、精神文化等方面来分门别类地进行组织编写,例如,在物质文化的层面,就有纺织与印染、中国古代酒具、中国古代农具、中国古代青铜器、中国古代钱币、中国古代木雕、中国古代建筑、中国古代砖瓦、中国古代玉器、中国古代陶器、中国古代漆器、中国古代桥梁等;在精神文化的层面,就有中国古代书法、中国古代绘画、中国古代音乐、中国古代艺术、中国古代篆刻、中国古代家训、中国古代戏曲、中国古代版画等;在制度文化的层面，就有中国古代科举、中国古代官制、中国古代教育、中国古代军队、中国古代法律等。

此外，在历史的发展长河中，中国各行各业还涌现出一大批杰出人物，至今闪耀着夺目的光辉，以启迪后人，示范来者。对此，这套丛书也给予了应有的重视，中国古代名将、中国古代名相、中国古代名帝、中国古代文人、中国古代高僧等，就是这方面的体现。

生活在 21 世纪的我们，或许对古人的生活颇感兴趣，他们的吃穿住用如何，如何过节，如何安排婚丧嫁娶，如何交通出行，孩子如何玩耍等，这些饶有兴趣的内容，这套"中国传统民俗文化"丛书都有所涉猎。如中国古代婚姻、中国古代丧葬、中国古代节日、中国古代民俗、中国古代礼仪、中国古代饮食、中国古代交通、中国古代家具、中国古代玩具等，这些书籍介绍的都是人们颇感兴趣、平时却无从知晓的内容。

在经济生活的层面，这套丛书安排了中国古代农业、中国古代经济、中国古代贸易、中国古代水利、中国古代赋税等内容，足以勾勒出古代人经济生活的主要内容，让今人得以窥见自己祖先的经济生活情状。

在物质遗存方面，这套丛书则选择了中国古镇、中国古代楼阁、中国古代寺庙、中国古代陵墓、中国古塔、中国古代战场、中国古村落、中国古代宫殿、中国古代城墙等内容。相信读罢这些书，喜欢中国古代物质遗存的读者，已经能掌握这一领域的大多数知识了。

除了上述内容外，其实还有很多难以归类却饶有兴趣的内容，如中国古代乞丐这样的社会史内容，也许有助于我们深入了解这些古代社会底层民众的真实生活情状，走出武侠小说家加诸他们身上的虚幻的丐帮色彩，还原他们的本来面目，加深我们对历史真实性的了解。继承和发扬中华民族几千年创造的优秀文化和民族精神是我们责无旁贷的历史责任。

不难看出，单就内容所涵盖的范围广度来说，有物质遗产，有非物质遗产，还有国粹。这套丛书无疑当得起"中国传统文化的百科全书"的美誉。这套丛书还邀约大批相关的专家、教授参与并指导了稿件的编写工作。应当指出的是,这套丛书在写作过程中,既钩稽、爬梳大量古代文化文献典籍,又参照近人与今人的研究成果,将宏观把握与微观考察相结合。在论述、阐释中,既注意重点突出,又着重于论证层次清晰,从多角度、多层面对文化现象与发展加以考察。这套丛书的出版,有助于我们走进古人的世界,了解他们的生活,去回望我们来时的路。学史使人明智,历史的回眸,有助于我们汲取古人的智慧,借历史的明灯,照亮未来的路,为我们中华民族的伟大崛起添砖加瓦。

　　是为序。

傅璇琮

2014 年 2 月 8 日

前　言

　　水利，一向被视为农业的命脉。几千年来，勤劳、勇敢、智慧的中国人民同江河湖海进行了艰苦卓绝的斗争，修建了无数大大小小的水利工程，有力地促进了农业生产与经济发展，与此同时，人们的水文知识也得到了相应的提高。

　　水利史是记述人类社会抵御和减轻水旱灾害，开发利用和保护水资源，并且研究其发展规律以及与社会、政治、经济、文化关系的科学。纵观人类开发利用和保护水资源的水利活动，大约经历了这样三个不同的阶段：原始水利阶段，以人适应水的自然状况为特征；传统水利阶段，以人改造征服水资源为特征；现代水利阶段，以人水和谐相处为特征。

　　由于农业受自然因素的影响极大，因此，古代最重要的生产部门是农业。这在古代科学技术不发达，人们抵御自然灾害能力低下的情况下更是如此。中国历代王朝都十分重视农业基础建设，兴建公共水利工程。同时，兴修水利不仅直接关系到农业生产的发展，还可以扩大运输，加快物资流转，发展商业，推动整个社会经济繁荣。正是由于兴修水利具有如此的重要性，所以古代不仅在平定安世时期，就是在纷争动乱岁月，国家也往往绝不放弃水利事业的兴办。

由于历代政府的高度重视，中国古代的水利事业处于向前发展的趋势。夏朝时我国人民就掌握了原始的水利灌溉技术；西周时期已构成了蓄、引、灌、排的初级农田水利体系；到了春秋战国时期，都江堰、郑国渠等一批大型水利工程的完成，更是促进了中原、川西农业的发展。其后，农田水利事业由中原逐渐向全国发展。两汉时期主要在北方有大量发展（如六辅渠、白渠），同时大的灌溉工程已跨过长江；魏晋以后水利事业继续向江南推进，到唐代基本上遍及全国；宋代更是掀起了大办水利的热潮；元明清时期的大型水利工程虽不及宋以前多，但仍有不少，且地方小型农田水利工程兴建的数量越来越多，各种形式的水利工程在全国几乎到处可见，并且发挥着显著的效益。

　　在古代东方和古中国，公共水利工程建设如漕运、航运及城市水利是国家管理经济的带有决定性意义的重要内容和重要职能。中国历史上还留下了不少高层领导（皇帝）重视农业基础设施建设的佳话，如西汉武帝亲往黄河工地视察，命令随行将军、大臣负草堵河，自己作歌鼓动。隋炀帝兴修大运河，清代康熙帝亲自研究水利学和测量学，为组织治理黄河和永定河，还曾六次南巡，到治河工地勘察。

　　我国古代有不少闻名世界的水利工程。这些工程不仅规模巨大，而且设计水平也很高，说明当时我国人民掌握的水文知识已经相当丰富了。

　　本书以中国水利史为主线，力图总结中国水利发展的经验和教训，探索水利发展的一般规律和特殊规律，讴歌古人治水、用水的不朽业绩，展现丰富多彩的水利文化，为学习水利这门学科奠定文化底蕴和理论基础。

目录

第三章　古代的漕运与航运

第四章 古代城市与边疆水利

第五章 古代水利科学

第六章　古代水利机具

第七章　古代水利文化

第一章

中国古代农田水利

　　由于中国大部分地区受季风气候的影响,降雨量时间与地区分布不均,旱涝灾害频繁,要确保农业丰收和社会经济的发展,必须靠农田水利工程来加以调节,进行灌溉或排水。因此可以说,中国的农业发展史,也是一部农田水利史。

第一节
中国古代农田水利简史

奴隶社会时期的农田水利

有史以来，黄河中下游地区便是旱涝灾害频发之地。商代初年（约公元前16世纪）曾出现过持续7年的大旱。西周后期（公元前9世纪中期）发生的一些大旱，曾导致人口大量死亡，而且涝渍、土地盐碱等灾害也普遍出现。从商代起，开始有了饮水灌田的记载。周代实行井田制，把900亩土地平均划分为井字形的9个区，各个区间有沟渠和道路相隔，形成了排灌系统。春秋时期，地区性的土地开发规划包括：修筑蓄水和防水堤塘，划定排水区；利用沼泽，把平原耕地也划分为井字形等。春秋楚庄王时（公元前600年前后），形成了系统性的农田灌溉工程。稍后，修建了芍陂（今安徽寿县安丰塘）大型塘堰灌溉，淮河流域陂塘水利大为发展。到了战国初年，魏文侯变法，西门豹为邺（今河北临漳西南20公里）令，修建了漳水十二渠，淤灌斥卤土地。《周礼·职方氏》分全国为9州，指出7州"宜种稻"，并列出各州灌溉区。例如，太湖流域、长江中游漳河流域、汉水唐白河流域、淮河汝水流域，关中的渭水、洛水流域，涞水、易水流域以及山东的淄水流域等地。

农作物生长离不开水，但仅靠自然降雨往往不能与农作物的需要完全协调，因此，农业是离不开灌溉的。火耕水耨阶段，一旦放火烧荒后就需要引水灌田才能松润土壤，即所谓"烧薙行水，利以杀草；如以热汤，可以粪田畴，可以美土疆"。而当种子下地之后，若遭遇大旱天气，难免要"负水浇稼"。起初，灌溉可能是依靠人力提水。但当农业进一步发展，随着种植面积不断扩大，单纯用人力提水灌溉，就远远不能满足需要了。那时候，人们在

大禹治水浮雕

实践中受到水往低处流的运行规律的启发，学会了开渠引水灌田。相传在大禹治水的时候，禹也"尽力于沟洫"，《国语·周语》记述说，禹曾"决汨九川，陂障九泽，丰殖九薮，汨越九原……能以嘉祉殷富生物也"。这其中就包括了最原始的农田水利工程。据说由于有了一定的防洪措施，在黄河下游地区也推广了种稻。到了奴隶社会，农田灌溉又有了进一步的发展。

根据古代文献记载，我国人民早在夏商时期就已开始了农田的规划，并注意到灌溉的水源问题了。相传周族很早以前就是一个善于从事农业生产的部落，其始祖后稷"好耕农……为农师"。其曾孙公刘，是周族一个著名的首领，那时周族从邰（今陕西武功一带）迁到豳居住，豳地即今陕西彬（今彬县一带）、旬邑一带，靠近泾水。他们到了那里以后，登上山冈，借助日影，选择向阳的地方居住和耕种。他们还调查了当地的水源情况，对农田灌溉进行了规划。《诗经·大雅》上有一篇《公刘》的诗，叙述了他们当时择地居住、发展灌溉的情况。诗中说："笃公刘，既溥既长，既景（影）乃岗，相其阴阳，观其流泉，其军三单，度其隰原，彻田为粮。"郑玄注曰："流泉浸润所及，皆为利民富国"，显然指的是给水及引水灌溉。

商代开始有了沟洫工程的文字记载。那时的土地占有制就是后来所说的井田制。井田即方块田，在甲骨卜辞中作田、圃、圈、圆等形状，把土地按一定面积作划分整齐，为的是便于监督奴隶劳动，强迫奴隶们完成定量的生产。这种被划分为比较整齐的方块形式的田地，类似井字，所以称为井田。井田中的灌溉渠道，分布在各块耕地之间。在殷墟发掘的商代甲骨文中有一个"甽"字，就是后来的"畎"字。从其原始字形判断，"甽"从田、从川，即田边的灌溉沟渠。另外有"鲜"字，有人考证也是"甽"字。可见，我国最迟在商代已有了农田灌溉渠道。

到了西周，沟洫工程有了进一步发展，技术水准也有了新的进步。《诗经》上就有关于灌溉的记载，例如："滮池北流，浸彼稻田。"当时西周的都城在丰镐（今西安西南），滮池正处在都城附近。据汉人郑玄等考证，滮池是渭水支流滮水的上源，在咸阳县南，滮水自南向北注入渭水，用滮水"浸彼稻田"，即是稻田灌溉。

在《周礼·稻人·遂人》中对当时的沟洫布置也有所记载："稻人，掌稼下地，以潴蓄水，以防止水，以沟荡水，以遂均水，以列舍水，以浍泻水。""凡治野，夫间有遂，遂上有径，十夫有沟，沟上有畛；百夫有洫，洫上有涂；千夫有浍，浍上有道；万夫有川，川上有路，以达于畿。"《考工记·匠人》记述："匠人为沟洫，耜广五寸，二耜为耦，一耦之伐，广尺、深尺谓之甽畎，田首倍之，广二尺、深二尺谓之遂。九夫为井，井间广四尺、深四尺谓之沟。方十里为成，成间广八尺、深八尺谓之洫。方百里为同，同间广二寻、深二仞谓之浍，专达于川。"

这里所说的浍、洫、沟、遂、畎等都是渠系中的逐级渠道，和今天将渠系中的渠道分为干渠、支渠、斗渠、农渠、毛渠相类似。其中"沟"的作用是引水、输水，即所谓"荡"；"遂"的作用是分配灌溉水到田间，即所谓"均"；"列"则是停蓄灌溉水的田间垄沟，即所谓"舍"，也就是"施舍""施灌"的意思；"浍"则是起排泄余水的作用，就是排水沟；而"专达于川"则是渠道与河流相接，从河中取水或排水入河的意思。由此可见，在西周时期的井田上，既有灌溉渠道，还有排水渠道，从而形成了有灌有排的初级农田灌排系统。蓄水工程和灌排结合的渠系工程的出现，标志着西周沟洫工程的新水平。但实际规模比起以后的渠系工程来说并不大，所以农业生产还不得不更多地依靠自然降雨。

从社会大变革的春秋战国时期起，社会生产力得到了高速发展，沟洫系统逐渐被灌排渠系所取代，农田水利工程进入了一个新的发展阶段。

　　当时，铁农具逐渐推广使用，《国语·齐语》中记载有管仲的话说："美金以铸剑戟，试诸狗马；恶金以铸锄夷斤斸，试诸壤土。""美金"指的是青铜，用来制造武器；"恶金"指的是铁，用来铸造生产工具。到了战国时期，铁农具的应用已经十分普遍。《管子·海王》载："今铁官之数曰……耕者必有一耒、一耜、一铫，若其事立。"说明那时每户农民都有一铲、一犁和一柄大锄头。社会生产力随着铁制工具的使用、私田的开辟以及牛耕的推广得到了大力发展，这使得劳动生产率大为提高，给了落后的井田制以有力的冲击。在奴隶起义的打击下，面对私田日益增多的事实，各诸侯国统治者不得不相继进行某些改革。例如公元前594年，鲁国开始实行"初税亩"，即不分公田、私田，一律按土地面积征税。新的土地占有关系破坏了原有的井田制，也打乱了井田上的沟洫工程，客观上产生了兴建新的较大规模的渠系来适应农田灌溉的需要。从此，我国较大型的渠系工程就此产生了。

　　大型渠系工程最早出现于淮河流域上的期思雩娄灌区（今河南省固始县史河湾试验区境内）。它是由楚国孙叔敖主持在公元前605年左右修建的。《淮南子·人间训》记载："孙叔敖决期思之水，而灌雩娄之野。"期思之水当是今天的史河和灌河，这个灌区在今河南固始一带，相当于新中国成立后新建的梅山灌区中干渠所灌的地区。《后汉书·王景传》还记载说孙叔敖曾在现在的安徽寿县修建芍陂，还有的记载说他在今湖北江陵一带兴修过水利。公元前548年，楚国令尹蒍掩根据当时的制度，"数疆潦，规偃潴，町原防，牧隰皋，井衍沃……"把水利建设摆在重要地位。类似的例子郑国也有。公元前563年，"子驷为田洫，司氏、堵氏、侯氏、子师氏皆丧田焉" —— "为田洫"，即兴建灌溉系统。

战国、秦、东汉时期的农田水利

　　战国时期，农田灌溉成为水利建设的重点，情况发生了很大的变化。此时涌现了一批大型水利工程，主要的有陂塘蓄水工程——芍陂，灌溉分洪工程——都江堰，大型渠系灌溉工程——郑国渠，多首制引水工程——漳水渠，等等。

1. 都江堰和长江流域的灌溉工程

公元前 256 年，蜀郡守李冰在岷江冲积扇地形上主持修建了举世闻名的都江堰。渠首工程主要由鱼嘴、宝瓶口和飞沙堰三部分组成，为无坝引水渠系，在科学技术上有许多创造，是古代灌溉渠系中不可多得的优秀典型。都江堰除灌溉效益外，还有防洪、航运和城市供水的作用，促进了川西平原的经济繁荣。战国末年在今湖北宜城修建的白起渠是陂渠串联式灌溉工程，它从汉水支流蛮水引水，将分散的陂塘和渠系串联起来，提高了灌溉保证率。汉元帝建昭五年（公元前34 年），南阳太守召信臣在汉水支流唐白河一带修建的六门堨，也是陂渠串联形式。

都江堰渠首枢纽平面布置图（1931 年）

2. 郑白渠和黄河流域灌溉工程

秦始皇元年（公元前 246 年），由郑国主持兴建了关中平原上规模最大的郑国渠。它西引泾水，东注洛水，干渠全长 300 余里，灌溉面积号称 4 万余顷。西汉太始二年（公元前 95 年），又扩建了白渠，灌溉面积 4500 余顷。在渭水及其支流上，则有成国渠、蒙茏渠、灵轵渠。利用洛水的灌溉工程有以井渠施工技术著称的龙首渠。在今山西太原西南晋水之上，有一座有坝取水工程叫智伯渠，汾河下游也曾引黄河水灌溉。

3. 坎儿井和西北华北地区灌溉工程

坎儿井是新疆吐鲁番盆地一带引取渗入地下的雪水进行灌溉的工程形式，西汉时期已见诸记载。河西走廊、宁夏河套灌溉也有修建。战国初年，在今河北南部临漳县一带由魏国西门豹主持兴建了有文字记载的最早的大型渠系——引漳十二渠。西汉时期在今石家庄地区兴建的太白渠，规模也相当可观。

此外，这一时期还有以芍陂、鸿隙陂（位于今淮河干流与南汝河之间的今河南省正阳县和息县一带）为代表的江淮流域灌溉；以文齐在云南修陂池为代表的长江上游水利；以泰山下引汶水为代表的山东地区水利等。

4. 农田水利的科技成就

　　《吕氏春秋·国圈》指出了我国在水资源方面降水受东南季风影响的事实。《周礼·职方氏》罗列了全国主要的河流湖泊分布及其灌溉利益。《管子·地员》主要说明地下水质和埋藏深度与其上土壤性质和作物的关系。在农田水利工程和灌溉技术方面，《管子·度地》的一些论述，表明当时对明渠的比降计算、有压管流的水力学现象、水跃以及土壤含水量与施工质量的关系等都有所认识。都江堰石人水尺的应用，渠口选择和对弯道环流的利用，对高含沙水流灌溉效益的认识和利用，对盐碱土的认识和改造等，都有重要意义。龙首渠的大型无压隧洞，标志着测量和施工水平的提升。六辅渠上还出现了首次见于记载的灌溉制度，当年灌溉已有闸门控制水量，输水渡槽也已经出现，凿出开采地下水以及井壁衬砌技术已较成熟。

东汉至南北朝时期的农田水利

　　海河、黄河、淮河、长江、钱塘江诸流域在这一时期农田水利建设均有发展，其中以淮河流域陂塘建设成就尤为突出。

1. 淮河流域的陂塘

　　淮河上中游地区多丘陵，较适于修建陂塘。三国时期曹魏在淮河南北大兴屯田，修建陂塘等灌溉工程较多。除淮河流域之外，唐白河流域的陂塘也较发达。陕西汉中地区以及四川、云南等省出土的东汉时期陶制陂塘水田模型表明了当时的陂塘已普遍修建。

2. 江南地区的农田水利建设

　　东汉杜诗继西汉召信臣之后，在唐白河流域兴修水利又有新成绩。长江上游地区，新莽时期由益州太守文齐主持建造陂池，成为云南水利的先驱。

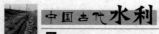
长江下游一带，孙吴及南朝在建业（又称建康，今南京）建都，使得附近水利得到普遍开发。其中位于句容县的赤山塘（唐代改名维岩湖）规模最大，灌田万顷。晋代在今丹阳县所修练湖及镇江市东南的新丰塘，灌溉面积也达数百顷。而到了东汉永和五年（140年）修建的绍兴鉴湖在钱塘江流域水利工程中较为出名，直到南京地区都有受益。此外还有湖州的获塘、吴兴塘，长兴的西湖以及丽水通济堰等。

3. 华北地区的农田水利建设

这一地区，河西走廊内陆河灌溉、河套引黄灌溉，尤其是北魏太平真君五年（444年）引黄河水的艾山渠规模较大。东汉初年在今北京市密云、顺义一带引潮白河水灌溉，效益显著。嘉平二年（250年）在永定河上兴建了灌溉面积有万余顷的戾陵堰灌区。此外，引漳、引沁及今山东、山西一带的灌溉工程也有发展。

4. 黄淮海平原地区的排涝工程

淮泗流域地势平坦，河道排水不畅。西晋时期淮泗流域涝灾严重，由于陂塘阻水是涝灾原因之一，咸宁四年（278年），杜预主张废弃曹魏以来新建的陂塘和疏浚排水河道，此建议得到实行。西晋初年在黄河北岸今安阳、邯郸地区，北魏中期在今河北省衡水、沧州及其以北地区涝情严重，崔楷也提出过大面积排水计划。

唐宋时期的农田水利

这一时期，由于社会获得较长时期的安定，水利发展迅速。江南水利进步尤为显著，北方地区农田放淤和水利管理也得到显著提升。

1. 南方水利和太湖圩田

该时期南方蓄水塘堰迅速发展，浙江鄞县东钱湖、广德湖和小江湖等均创自唐代。其中东钱湖灌田20余万亩，至今兴利。在今江西一带，唐元和年间（806—820年）韦丹兴修大小陂塘598座，共灌田12000顷。到了乾道九

木兰陂

年（1173年），仅福建长乐县就建设湖塘陂堰104座，灌田2800多顷。淳熙元年（1174年），江南西路（包括今赣东、赣北、皖南及江苏西部）共修陂塘2245座，灌田4万余顷。而在今湖南长沙，建于五代的龟塘也灌田万顷。

东南沿海的渠系灌溉工程大多兼有抵御海潮内侵的作用。位于今浙江宁波在唐代太和七年（1833年）兴建的它山堰，溢流坝横拦勤江，抬高上游水位并隔断下游成湖；堰上游开渠引水，灌田数千顷。在今福建莆田的木兰陂，始建于北宋，也是类似的渠系灌溉工程。

圩田一般建在滨湖或滨河地区，水利成就显著。用圩岸将圩田与外水隔开，圩岸上建闸，将圩田灌排沟渠与外水沟通，低田可自流引灌，高田借助水车提水灌溉。太湖圩田兴起较早，唐代后期已较发达。但因太湖中部地形洼陷，加上排水河道逐渐淤积变浅，又有运河河道阻碍太湖泄水以及海潮顶托等原因，这使得圩田常受洪涝威胁。北宋时范仲淹、单锷等人都曾提出治理规划，赵霖于政和六年（1116年）至宜和元年（1119年）主持施工，并取得一定成效。除太湖流域外，湘、鄂、皖沿江地区也有圩田兴作。

 2. 北方农田水利和大规模放淤

北方以关中地区为代表的黄河流域渠系工程持续发展，河套地区、河西走廊以及汾河流域兴建较多。在海河流域，唐代主要是排水防涝，到了北宋

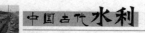
时利用东起天津、静海，西至保定、徐水的淀泊发展稻田，但收益有限。北方水利有特色的是大规模农田放淤，特别是在熙宁变法中，放淤形成高潮，大量盐碱地因放淤而得到改良，使得产量成倍增长。但其也存在一些问题，所以变法失败后，大规模放淤即行停止。

3. 灌溉技术

唐宋时期灌溉机械较前代有重大发展。南方普遍使用水车，包括人力提水的翻车和水力驱动的筒车等。南宋时期筒车已在今浙、赣、闽、桂、粤、湘等地流行，水力运转的提水机械和农业加工机械的发展也颇为可观。

在田间灌溉技术方面，唐代主要灌区内各支渠之间和支渠控制范围的各斗渠之间，按作物需水和地段的不同实行轮灌。根据作物生长需水的不同阶段和当地气候变化制定灌溉制度。此外，至迟在宋代已经实现对小流域范围的水位测量和控制。由于北方海河流域的塘泊上设有水则（中国古代的水尺，又叫水志），所以南方使用更普遍，例如浙江勤县平字水则、绍兴鉴湖水则和吴江水则碑等。

4. 农田水利法规和专著

中国现存最早的全国性水利法规是唐代制定的《水部式》，其中对灌溉用水制度、灌溉管理的行政组织以及处理灌溉、航运水利机械和城市供水之间的用水矛盾等，都作了规定。除全国性法规外，各灌区还有自己的灌溉制度。宋代熙宁二年（1069年）颁布的《农田水利约束》是政府制定的发展水利的政策性规定。这些灌溉法规的制定和实施，对于促进水利建设的发展，减少水事纠纷，合理利用水资源，保证灌区的长期运行等，都起着重要的作用。在宋代，单愕的《吴中水利书》和魏观的《四明它山水利备览》等专著，在农田水利普遍发展的基础上相继问世。

元、明、清时期的农田水利

农田水利工程发展到元、明、清时期已经非常普遍，但著名的大型工程较少，江南地区成就比较突出。继太湖圩田之后，两湖地区圩田和珠江三角

洲堤围迅速兴起。边远地区农田水利和江浙海塘建设进一步发展。农田水利
著作大量涌现。

1. 海河流域农田水利

　　元、明、清三代虽都建都北京，而经济重心却在南方。自元代开始就不
断有人呼吁发展海河流域农田水利，以改变依赖运河每年漕运大批粮食和其
他物资的负担。到了明代万历年间，徐贞明在调查的基础上撰述《潞水客
谈》，其中提出综合治理海河流域河流、淀泊，发展水田灌溉的建议，并试行
有效。清雍正年间怡贤亲王允祥在陈仪的帮助下，也曾在畿辅一带大范围开
垦水田，后由于财力及水源不足等原因未见明显效果。

2. 两湖垸田和珠江三角洲堤围

　　南宋以后，江南经济得到加速发展，两湖水利，特别是湖北荆江、湖南
洞庭湖一带垸田迅速发展。垸田的形式和江南圩田类似，明清时期发展更快。
明正统年间（1439—1449 年），华容县有垸田 48 所，至明末已发展到 100 多
所。大垸纵横 10 多里，小垸在百亩上下。珠江三角洲垸堤称作堤围（又称基
围），也开始于宋代。明代时围不仅沿西、北、东三江及其支流分布，而且进
一步向滨海发展。到了清代，堤围较前成倍增长。当时沿海一带还出现人工
打坝种苇，以促进海滩的淤涨。其中南海县（今广州市）传建于北宋末年的
桑园围，就有 15 万亩之多。不过，由于垸田和堤围垦殖缺乏计划，也使得这
些地区的洪涝灾害日趋严重。

3. 边疆地区的灌溉

　　农业在干旱的西北边疆要想发展则离不开灌溉。自清代乾隆年间起，为
加强西北防务，大兴屯田。嘉庆七年（1802 年），在惠远城（今伊宁市西）
伊犁河北岸，开渠引水灌田数万亩，此后农田灌溉渠系在今哈密、吐鲁番、
乌苏、伊宁、阿克苏、库车、轮台、焉青、于田、和田、莎车、喀什等地都
有兴修。到了清后期，吐鲁番盆地一带特有的坎儿井工程有了很大发展。道
光二十五年（1845 年），林则徐被遣戍新疆时，曾主持修建伊拉里克一带坎
儿井近百处。光绪初年，左宗棠在吐鲁番地区又增开坎儿井 185 座。此后，

坎儿井曾推广到哈密、库车、都善等地。宁夏引黄灌溉继汉唐之后又有发展：元初郭守敬倡导将本区灌区各渠道一一恢复，共灌田900多万亩；清代康熙、雍正年间又新建大清渠、惠农渠等；道光以后，内蒙古河套灌溉发展迅速，至光绪二十九年（1903年）已开大干渠8条、小干渠20多条，共灌溉农田90多万亩。

西南边疆地区水利在元、明、清时期也得到了重大发展。赛典赤于至元十三年（1276年）大兴滇池水利，疏浚螳螂川浅滩，增大滇池调蓄能力，涸出耕地万余顷；又修建松花坝，开挖金汁河，灌溉效益延续至今。

 4. 区域水利规划的发展

自古以来农田水利要想发展，就必须与防洪、航运、水土保持等相协调，组成统一的水利规划。太湖流域水利规划在北宋已受到重视，明清时水利规划工作进一步发展。徐光启强调在作规划工作时要详细了解自然和社会条件，提出水利规划应以精确的测量为依据，强调要对河道、湖泊、地形、土壤、作物等进行全面调查，从而做到"测量审，规划精"。在明清时期，海河水利规划比较突出。我国海河流域诸支流自西而东呈扇形分布，下流汇聚天津，由海河入海。该地区雨量集中于7、8、9三个月，因而使得洪涝灾害严重。徐贞明提出海河水利规划的总认识，即下游多开支河分流入海，上游多建渠系引水灌溉，留出淀泊容蓄洪水，沿淀洼地可仿照南方的经验，兴修圩田。到了清代雍正年间，虽然陈仪对此又有所发展，但由于当时受到社会和自然条件的制约，这些规划思想均未能系统实施。

 5. 水利科学家和水利著述

农田水利科学家在元、明、清时期以郭守敬、王祯、徐光启等人最为著名。郭守敬（1231—1316年）曾参加宁夏古灌区的恢复重建工作，引永定河水灌溉也取得成效。元初的重要水利活动，大都有他参加。王祯字伯善，今山东东平人，所著《农书》13万字，初刊刻于皇庆二年（1313年），篇中论述了农田水利的历史沿革和多种灌溉工程的形式，对于灌溉提水工具和水力加工机械叙述尤详。明代著名科学家徐光启著有《农政全书》60卷，水利即占9卷，其中归纳了前代关于华北和东南兴办水利的精到见解，详细介绍了多种灌溉建筑物及其施工方法，以及西方的水利技术知识。

农田水利著作在元、明、清时期数量也有了显著的增加。除《农书》《农政全书》《授时通考》外，有流域范围的水利书，如明代张国维的《吴中水利书》，清代吴邦庆的《畿辅河道水利丛书》；有一个地区的水利书，如清代陈池养的《莆田水利志》；有一个灌区的专著，如元代李好文的《泾渠图说》，清代冯武宗的《桑园围志》；有一座水工建筑物的专著，如清代程鹤翥的《闸务全书》；有水利资料整编类型的著作，如明代归有光的《三吴水利录》，清代王太岳的《泾渠志》；有翻译和介绍西方水利技术的著作，如明代徐光启的《泰西水法》等。

这一时期农田水利工程管理也更加细致，尤其是有悠久历史的关中郑白渠、浙江丽水通济堰、广东南海桑园围等，管理制度更加规范化。

 知识链接

农田水利的布局

在古代，政治经济的需要直接决定了全国范围内农田水利的规范布局。最常见的有两点：一是政治中心区往往大力发展农业，成为农田水利的重点发展区。秦、西汉、隋、唐建都关中，修建了郑白渠等一系列工程。东汉末，曹操先以许都（今许昌）为政治中心，引颍水开屯田水利；后沿袭战国时的引漳十二渠，转移至邺，修天井堰灌溉农田和向城市供水。三国吴、东晋、宋、齐、梁、陈都建都建康（今南京），开发长江下游及太湖流域水利。南宋建都临安（今杭州），江、浙、闽的水利事业得到较大发展。元、明、清三代都建都北京，兴畿辅水利，开发海河流域。二是开发边疆，大兴屯田，广修水利。汉、唐开发西域，湟水流域、河西走廊、宁夏、内蒙古河套等地区的水利有很大发展。三国时，魏、吴的边界在淮南，魏国在淮河的干支流上兴修了大量的水利工程。北宋时，在今河北宋辽边界地区修建塘泊，水利屯田得到发展。清代，在新疆也兴建了不少水利工程。

第二节
中国农田水利工程

水利是农业的命脉，几千年来，丰富的水利资源滋养了中国农业。同时，历史上频繁的旱涝灾害，也对农业生产造成了严重威胁。因此中国的农业发展史，其实也就是发展农田水利、克服旱涝灾害的斗争史。

由于我国的地势复杂，各地所要解决的水利问题有所不同，因此我国的水利工程可称得上是种类繁多（大致可以分为渠系工程、陂塘工程、陂渠串联工程、御咸蓄淡工程、塘泊工程、圩田工程、海塘工程、坎儿井工程等几种）。

 渠系工程

渠系工程主要应用于平原地区，水利多以蓄、灌为主。早在战国时期，这种工程已经出现，以后一直沿用，它是我国农田水利建设中运用最普遍的一种工程。最著名的渠系工程，有以下几项：

1. 关中的郑国渠和白渠

郑国渠兴建于秦王政元年（公元前246年），原是韩国的一个"疲秦"之计。韩国派当时著名的水工郑国到秦国去帮助修渠，企图以此消耗秦国的大量人力、物力，使其无力东顾，以保关东六国的统治地位。后来"疲秦"之计为秦发觉，秦欲杀郑国。郑国进言道，修渠只能"为韩延数岁之命，而为秦建万世之功"，秦王认为言之有理，命其继续施工。修成后，因郑国主持施工，故名之为郑国渠。郑国渠西引泾水，东注洛水，干渠全长约150千米，

灌溉面积扩大到 4 万余顷。由于郑国渠引用的泾水挟带有大量淤泥，用它进行灌溉又可起到淤灌压碱和培肥土壤的作用，使这一带的"泽卤之地"又得到了改良，关中因而成为沃野。后来"秦以富强，卒并诸侯"，郑国渠可谓是为秦统一六国奠定了经济基础。

郑国渠

西汉时，关中的渠系建设进一步发展。汉武帝太始二年（公元前 95 年），又在泾水上修建白渠。因此渠为赵中大夫白公建议修成，故称白渠。白渠位于郑国渠之南，走向与郑国渠大体平行。白渠西引泾水，东注渭水，全长约 100 千米，灌溉面积 4500 多顷。此后人们将它与郑国渠合称为郑白渠，当时有歌谣曰："田于何处，池阳谷口。郑国在前，白渠起后。举锸为云，决渠为雨。泾水一石，其泥数斗。且粪且溉，长我禾黍。衣食京师，亿万之口。"由此可见，郑白渠的修建，对关中平原的农业生产和经济的发展发挥了重要作用。

除此之外，在关中平原上还修建了辅助郑国渠灌溉的六辅渠，引渭水及其支流进行灌溉的成国渠、蒙茏渠、灵轵渠等灌渠。其中引洛水灌溉的龙首渠，在施工方法上又有重大的创新。龙首渠在施工中要经过商颜山，由于山高土松，挖明渠要深达 130 多米，很容易发生塌方，因此改明渠为暗渠。先在地面打竖井，到一定深度后，再在地下挖渠道，相隔一定距离凿一眼井，使井下渠道相通。这样，既防止了塌方，又增加了工作面，加快了进度。这是我国水工技术上的一个重大创造，后来这一方法传入新疆，便发展成了当地的独特灌溉形式——坎儿井。

2. 临漳的漳水十二渠

漳水十二渠简称漳水渠，亦称西门渠，位于战国时魏国的邺地，即今河北临漳县一带。邺地处于漳水由山区进入平原的地带，漳水经常在这个地方泛滥成灾。当地的恶势力借此大搞"河伯娶妇"骗局，残害人民，骗取钱财。

公元前445年至公元前396年，魏文侯派西门豹到邺地任地方官。西门豹到任后，一举揭穿了"河伯娶妇"的骗局，狠狠地打击了地方恶势力，并领导群众治理洪水，修建了漳水十二渠。

漳水十二渠是一项多首制引水工程，它在漳水中设12道潜坝，12个渠口，12条渠道，渠口设有进水闸，这是根据漳水含泥沙量大、渠口易淤的特点设计的。漳水十二渠修成后，不仅使当地免除了水害之灾，使土地得到了灌溉，而且利用了漳水中的淤泥改良了两岸的大量盐碱地，促进了农业生产的发展。自从修建了漳水十二渠以后，直到隋唐时期，这一带一直是我国重要的政治经济地区。

 3. 四川都江堰

都江堰，古称"湔堋""湔堰""金堤""都安大堰"，到宋代才称都江堰。都江堰位于岷江中游灌县境内，此处岷江从上游高山峡谷进入平原，流速减慢，携带的大量沙石随即沉积下来，淤塞河道，时常泛滥成灾。

都江堰

秦昭王（公元前306—公元前251年）后期，派著名的水利专家李冰为蜀守。李冰到任后，主持修建了留名千古的都江堰水利工程。都江堰水利工程主要由分水鱼嘴、宝瓶口和飞沙堰组成。分水鱼嘴是在岷江中修筑的分水堰，把岷江一分为二：外江为岷江主流，内江供灌渠用水。宝瓶口是控制内江流量的咽喉，其左为玉垒山，右为离堆。此处岩石坚硬，开凿困难，为了开凿宝瓶口，当时人们采用火烧岩石，再泼冷水或醋，使岩石在热胀冷缩中破裂的办法，才将它开挖出来。飞沙堰修在鱼嘴和宝瓶口之间，其主要作用是溢洪和排沙河卵石。洪水时，内江过量的水从堰顶溢入外江，同时把挟带的大量河卵石排到外江，减少了灌溉渠道的淤积。由于都江堰位于扇形的成都冲积平原的最高点，所以自流灌溉的面积很大，取得了溉田万顷的效果，成都平原从此变成了"水旱从人，不知饥馑"的"天府之国"。都江堰不仅设计合理，而且还有一套"深淘滩、低作堰"的管理养护办法。在技术上还发明了竹笼法、杩槎法，在截流上具有就地取材灵活机动易于维修的优点。至今，这项水利工程仍在发挥其良好的效益，充分体现了我国古代劳动人民的聪明才智。

4. 北京戾陵堰

北京戾陵堰是历史上开发永定河最早的大型引水工程。三国时，曹魏嘉平二年（250年），刘靖镇守蓟城（今北京）。他利用湿水（今永定河）修建了戾陵堰；并凿车箱渠，引水入蓟城过昌平，东流到潞县（今通县），浇地1万多顷。刘靖修戾陵堰时，曾登梁山（今石景山）察看地形，堰址可能就在湿水过梁山处。

5. 宁夏艾山渠

艾山渠是历史上一项有名的引黄灌溉工程，是北魏刁雍主持兴建的一项水利工程，位于宁夏青铜峡以下的黄河西岸。

宁夏灵武一带，旧有灌溉工程设施，后因黄河河床下切，渠口难于引水而废，但仍保存有灌溉渠道。原渠口北河床中有一沙洲，将河分为东西两道。北魏太平真君五年（444年）刁雍为薄骨律镇（今宁夏灵武县西南）将，他利用了这一有利地形，主持兴建了艾山渠。宁夏艾山渠的工程布置是先在西河上筑雍水坝，坝体自东南斜向西北，与河流西岸成锐角；然后在雍水坝西面河岸上开渠口，宽75

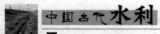

米，深 5 米，引入水渠；两岸筑堤高 10 米，北行 20 千米，与旧渠汇合，总长 60 千米。渠成后，"小河之水尽入新渠水则充足，溉官私田四万余顷"。

 6. 河套引黄灌溉

河套是指内蒙古自治区和宁夏回族自治区境内、贺兰山以东、狼山和大青山以南的黄河沿岸地区，因黄河由此流成一大弯曲，故而得名。河套引黄灌溉的历史很早，据《汉书·沟洫志》记载：武帝时"朔方、西河、河西、酒泉皆引河及川谷以溉田"，文中的朔方就是今天的内蒙古河套一带，河西是指宁夏及河西走廊等地；引河，指引黄河水以溉田，可见河套地区的引黄灌溉在西汉时期已经开始了。然而无论是内蒙古河套灌区还是宁夏河套灌区，都是在清代时期才开始大规模的引黄灌溉的。

（1）内蒙古灌区。北魏时期，黄河在内蒙古地区分为南北两支，北支大致沿今乌加河的流路，南支大体和今日黄河一致。这个基本形势到道光年间发生了变化：北支受西面乌兰布和沙漠的侵袭，逐渐埋废，成为今日内蒙古河套灌区的总排水干渠；南支则逐步变为今日的黄河。内蒙古灌区的地形呈西南高而东北低的态势，北支埋废和南支的扩大，为这一地区引黄灌溉创造了条件。根据清政府的政策，内蒙古河套一带划归蒙古部落游牧，是禁止汉人垦种的。后来随着汉蒙民族关系的日渐融洽，来到河套逃荒耕垦的山西、陕西一带贫苦农民日渐增多。道光八年（1828 年）废除了禁止汉人进入河套的禁令后，来内蒙古开荒的人日多一日，由此加速了内蒙古的开发。开发的主要形式，就是修渠引黄灌溉。到清朝末年，内蒙古已修了大量的渠道，大型的渠道有 8 条，当时称为八大渠。八大渠的分布，从黄河上游起，依次是永济渠、刚目渠、丰济渠、沙河渠、义和渠、通济渠、长胜渠、塔布渠，自西南而东北，灌溉今杭锦后旗、达拉特旗、乌拉特前旗农田 5000 余顷。这些渠道中，由王同春一人独资开挖的有义和、丰济、沙河三大渠，由他集资合挖的有刚济渠、新皂火渠两条，参与指导开挖的有永济渠、通济渠、长济渠、塔布渠、杨家河等五条，因此他被人们视为内蒙古河套的"开渠大王"。到了清朝末期，内蒙古河套引黄灌溉的面积达到 1 万多顷，出现了沟渠密布、阡陌相望的壮观景象，从而奠定了今日河套水利灌溉的基础。

（2）宁夏灌区。在清代时期，宁夏灌区的引黄灌溉工程也有了很大发展。清康熙四十年（1708 年），在黄河西岸贺兰山东麓修大清渠，全长 37.5 千米，灌田 1213 顷。雍正四年（1726 年）又修惠农渠和昌润渠，惠农渠灌田 2 万余顷，昌润渠灌田 1000 余顷。这些渠与原有的唐徕渠和汉延渠一起，合称为"河西五大渠"，使宁夏灌区的水利有了空前的发展。

清代宁夏灌区的引黄灌溉工程，不仅规模大，浇地多，而且在渠系布置、水工建筑物的修建方面，也有独到之处。据《调查河套报告书》称，这里的五大渠渠口与黄河成斜交，以利引水。渠口旁各作迎水坝（即坝）一道，"长三、五十丈或四百丈不等。以乱石桩柴为之逼水入渠"。距渠口 5 ~ 10 千米，建正闸一座，旁设"水表"以测水位的高低。正闸以上各建减水闸 2 ~ 4 座不等。根据水表的尺度，水小时，关闭减水闸，使渠水全入正闸；水大时，把减水闸打开，让水泄入黄河。干渠两旁的支渠，长的有 50 多千米，短的有数千米或数十千米，各建小闸，名陡门（即斗门），作为直接灌田之用。惠农渠道交叉处，还修了暗洞，以利交流。为了引汉延渠之水，灌惠农渠东岸的高地，采用了"刳木凿石以为槽"（即渡槽），以飞渡渠水东流。又在渠底设暗洞，排洼地积水入黄河，这样不仅解决了灌区农田的灌溉问题，还解决了低洼地区的排涝问题。

在护养和维修方面，宁夏灌区也有精心的设计。为了防止黄河洪水为害，惠农渠在渠东"循大河涯筑长堤三百二十二里，以障黄流泛溢"，同时在渠旁植十余万株垂柳，"其盘根可以固涯岸，其取材亦可以供岁修"。为了不使泥沙淤塞渠道，在各段渠底都埋有底石，上刻"准底"二字。每年春季在渠道清淤时，一定要清除到底石为止。放水时，规定将上段各陡口闭塞，先灌下游，后灌上游，周而复始，从而保证了农田的用水需要。

汉代以后，黄河下游河患日甚，给下游人民带来了巨大的灾难。而河套地区却很少受害，反深得灌溉之利，成为塞北的粮仓，因而在历史上有"黄河百害，唯富一套""天下黄河富宁夏"之说。

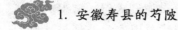 **陂塘蓄水**

陂塘蓄水工程一般都在丘陵山区，以蓄水灌溉为主要目的，同时也起着分洪防洪的作用。历史上著名的陂塘蓄水工程有以下几项：

1. 安徽寿县的芍陂

芍陂建于公元前 6 世纪春秋时期，位于安徽寿春县（今寿县）南，是我国最早最大的一项陂塘蓄水工程。此工程是楚国令尹（相国）孙叔敖在楚庄三十六年（前598年）前不久所建。芍陂是利用这一地区东、南、西三面高，北面低的地势，以池水（今淠河）与肥水（今东肥河）为水源而形成的一座人工蓄水库。水库有5个水门，以便蓄积和灌溉。全陂周长60千米，它在当时对灌溉防洪航运等都起了重要的作用，到晋时仍灌溉良田万余顷。现在安徽的安丰塘，就是芍陂淤缩后的遗迹。

 2. 绍兴鉴湖

鉴湖是长江以南最古老的一个陂塘蓄水灌溉工程。鉴湖又称镜湖，位于浙江绍兴县境内。绍兴的地势，从东南到西北为会稽山所围绕，北部是广阔的冲积平原，再北就是杭州湾，是一种"山—原—海"的台阶式地形。在鉴湖未建成以前，绍兴的北面常受钱塘大潮倒灌，南面也因山水排泄不畅而潴成无数湖泊。一旦山水盛发或潮汐大涨，这里就会发生严重的洪涝灾害。东汉永和五

鉴湖

年（140年），马臻为会稽太守，为了解决这个问题，他根据当地的地形，主持修筑了鉴湖。其措施是在分散的湖泊下缘，修了一条长155千米的长堤，将众多的山水拦蓄起来，形成一个蓄水湖泊，即鉴湖。这样一来，洪水就无法对这一带构成威胁了。由于鉴湖高于农田，而农田又高于海面，这就为灌溉和排水提供了有利的条件。农田需水时，就泄湖灌田；雨水多时，就关闭堤上水门，将农田的水排入海中。鉴湖的建成，为这一地区解除积涝和海水倒灌为患创造了条件，并使9000余顷农田得到了灌溉的保证。

御咸蓄淡工程

御咸蓄淡工程是东南沿海地区用闸坝建筑物抵御海潮入侵，蓄引内河淡水灌溉的一种特殊工程形式。唐代鄞县它山堰和宋代莆田木兰陂都是其典型工程。

1. 鄞县它山堰

它山堰位于今浙江宁波西南 25 余公里鄞江桥镇的西南，是唐大和七年（833 年）鄞县（今宁波）县令王元祎主持修建的一项灌溉工程。

在它山堰未建以前，鄞江上游诸溪来水尽入甬江之中，民不得用；而海潮又通过甬江上溯，又使民不能饮，禾不能灌，严重影响人民生活和农业生产。它山堰工程使用了都江堰的施工经验来解决这个问题：在河上建堤，把上游的来水分别纳入大溪和鄞江中，平时七分入大溪，三分入鄞江；涝时七分入鄞江，三分入大溪。大溪的水，引入宁波，蓄储在日、月两湖之中，一面供居民饮用，一面又可修渠灌溉附近农田。为了保持水库和渠道有一定的水量，又在大溪上修了三座堨（节制闸），以调节水量，这样涝时可将多余的水排入甬江，旱时可利用潮汐的顶托，纳淡水入湖。它山堰不但发挥了灌溉作用，同时又防止了海潮袭击和咸水内侵，解决了城市的用水问题，这是唐代的水利建设中取得的一项重大成果。

2. 莆田木兰陂

木兰陂是宋代少有的一座引、蓄、灌、排综合利用的大型农田水利工程。

木兰陂的兴建始于北宋治平元年（1064 年）中，经两次失败，至元丰元年（1085 年）才告建成。木兰陂位于今福建莆田县西南的木兰溪。建陂以前，兴化湾海潮逆木兰溪而上，溪南岸围垦的农田，仅靠 6 个水塘储水灌溉，易涝易旱，灾害频繁。木兰陂建成后，"下御海潮，上截永春、德化、仙游三县游水，灌田万顷"，取得了"变洿卤为上腴，更旱暵为膏泽"的良好效果。至元代，在木兰陂旁又建万金斗门，引水通往北洋，与延寿溪衔接，又扩大引水灌溉约 60000 亩。经过 900 多年的考验，木兰陂至今仍在发挥它灌溉的作用。

陂渠串联工程

陂渠串联，也叫长藤结瓜，是流行于淮河流域的一种水利工程。这种工程，就是利用渠道将大大小小的陂塘串联起来，把分散的陂塘水源集中起来统一使用，借以提高灌溉的效率。我国最早的陂渠串防工程是战国末年湖北襄阳地区建成的白起渠。除此之外，比较著名的还有以下两处：

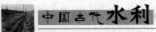

1. 六门堨 （六门陂）

六门堨是汉元帝时南阳太守召信臣所建的一项水利工程，位于穰县（今邓县）之西，建成于建昭五年（公元34年）。该工程壅遏湍水，先在其上设三水门，至元始五年（公元5年）又扩建三石门，合为六门，故称为六门堨。六门堨的上游有楚堨，下游有安众港、邓氏陂等。据《水经注·湍水注》说，六门堨"下结二十九陂，诸陂散流，咸入朝水"，是一个典型的长藤结瓜型的水利工程。该工程"溉穰、新野（今新野）、昆阳（邓县东北）三县五千余顷"，是当时一个具有相当规模的大灌区。

2. 马仁陂

马仁陂位于现在的泌阳县西北35公里处。据《南阳府志》说，该陂亦为召信臣所建，"上有九十二岔水，悉注陂中，周围五十里，四面山围如壁，惟西南隅颇下，泄水"。召信臣在修建此陂时，先筑坝，又立水门，分流24堰，溉田1万余顷。马仁陂是拦蓄众多的沟谷水汇聚而成的，可以说是我国最早的山谷人工水库，在我国水土保持的历史上具有重大的意义。

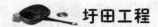
圩田工程

圩田既是一种土地利用方式，也是一种水利工程的形式，主要是在低洼地区建造堤岸，阻拦外水，排除内涝，修建良田。这种水利工程在不同的地方有不同的称谓，在太湖地区称为圩田，在洞庭湖地区称为堤垸，在珠江三角洲称为堤围或基围。

1. 太湖圩田

太湖圩田早在春秋战国时期就已经出现，在五代的吴越时期达到鼎盛。吴越是五代时期偏安于江南的一个封建小国，其统治地区主要是在今太湖平原。吴越王钱镠为了巩固其统治，对太湖地区的农田水利进行了大力的修建、改造，经过80多年的努力，终于使太湖地区变成了一个低田不怕涝、高田不怕旱、旱涝保丰收的富饶地区。这充分反映了吴越时期太湖地区的水利建设所取得的重大成就。

太湖地区是一个四周高、中部低的碟形洼地。中部的阳澄湖、淀泖湖等地，处于全地区的最低处，必须筑堤围才能耕种。沿江、沿海的地区，又是全区的高田地带，非进行修渠灌溉难于获得丰收。针对这一特点，吴越在治理太湖水利上采取的措施有：（1）开浚出海干河，建立排灌系统，以三江为纲，提挈横塘纵浦的河网。所谓三江，是指吴淞江、娄江和小官浦，这是太湖地区三条出海的干河。在三江之间，布置了秩序井然的河网，"或五里七里而为一纵浦，又七里十里而为一横塘"，使其流通于高田和低田之间，这样就保证了在干旱时有足够的灌溉用水；在受涝时，又可充分发挥排水作用。（2）普遍设置堰闸，随时调节水位，这样既可以控制旱涝，同时又能防止海潮的侵袭。（3）兴建海塘防御工程，保证内陆水系安全。（4）创设撩浅军，建立分区负责的养护制度。这是一支因地制宜、治水治田相结合的专业队伍，其职责有疏浚塘浦、清泥肥田、修堤、种树、养护航路等。（5）制定法令，严禁破坏水利。这是一个治水与治田结合、治涝与治旱并举、兴建与管理兼重的水利规划。在这个水利规划的基础上，太湖地区的农田水利基本上达到了湖网有纲、港浦有闸、水系完整、堤岸高厚、塘浦深阔，形成了塘浦位位相承、圩田方方成列的圩田体系，从而有效地抗御了旱涝灾害。据记载，在吴越经营太湖水利的86年中，只发生了4次水灾，平均21.5年一次；旱灾只有一次，这是太湖地区历史上水旱灾害最少的一个时期。太湖地区在圩田工程建设上所取得的成就从中可见一斑。但太湖地区这一水利建设的成就到宋代以后，由于乱围滥垦，遭到了严重的破坏。

 2. 洞庭湖堤垸

宋代时期，洞庭湖堤垸开始出现，当地"或名堤、名围、名障、名坨、名坪，各因其土名……其实皆堤垸也"。它是在江湖的浅水处筑堤挡水，内垦为田，并通过堤上涵闸引水和排涝，和太湖圩田建造方法大体相同。明代中叶，这一地区已成为我国的一个新粮仓，被称作为"湖广熟，天下足"。到清代，洞庭湖的堤垸更加恶性膨胀。据调查，"湖南滨湖十州县，共官围百五十五，民围二百九十八"，从而加剧了这一地区的洪涝灾害。据近人统计，明代以前湖区水灾每83年发生一次，明代后期至清末平均20年一次，到20世纪40年代平均每年一次。因此，洞庭湖堤垸与其说是一种水利工程，不如说是一种与水争地的设施。清代中叶以后，也曾提出了洞庭湖的治理问题，并提出了"废田还湖""塞口还江"等主张。但因要废弃大片良田,又要影响长江洪水调节和江汉平原的安全,还要触及各方面的经济利益,因而都难以实行。后来由于盲目围垦,洞庭湖日渐缩小,堤垸内水系混乱,从而造成了严重的洪涝灾害,形成了"从前民夺湖为田,近则湖夺民以为鱼"的严重局面。

3. 珠江三角洲堤围

珠江三角洲堤围主要分布在珠江三角洲和韩江三角洲的滨海滨江地区。堤围工程的方式和太湖圩田、洞庭湖堤垸类似,也是一种筑堤围田的工程。宋代时期,珠江三角洲的堤围开始出现,据统计,宋代珠江三角洲所建的堤围有 28 处,总堤长 6.6 万余丈,围内农田面积为 2.4 万余顷。明清时期迅速发展,围堤大大增加,明代筑堤 180 多条,清代扩大到 270 条,围垦区发展到东江和滨海地区。清中叶以后,今顺德、新会、中山等县的滩地迅速得到开发。为了促进滩涂淤涨,当时还采用修筑顶坝、种植芦苇等工程和生物措施以促使海滩淤涨,围垦区不断扩大。到清末,据光绪《广州府志》记载,三水县已有堤围 35 处,南海有 76 处,顺德多至 91 处。在珠江三角洲中,以地跨南海、顺德两县的桑园围历史最早,建于北宋大观年间(1107—1110年)。至清乾隆时,已发展成为有名的大堤围之一,仅涵闸就有 16 座。

淀泊工程

淀泊工程是宋代时期出现于华北平原的一种水利工程。淀泊工程的出现和当时的政治军事形势有着密切的关系。

北宋时,从白沟上游的拒马河,向东至今雄县、霸州、信安镇一线,是宋辽的分界线。北宋政府为了防御辽国骑兵的南下,决定利用分界线以南的凹陷洼地(即今白洋淀、文安洼凹地)蓄水种稻,以达到"实边廪"和"限戎马"的目的。河北海河流域的淀泊为适应这种军事上的需要而得到了开发。

宋太宗端拱元年(988 年),雄州地方官何承矩上书,建议"于顺安西开易河蒲口,导水东注于海……资其陂泽,筑堤贮水为屯田",以"遏敌骑之奔轶",同时在这一地区"播为稻田","收地利以实边"。这样便可形成一条东西长 150多千米、南北宽 25～35 千米的防御工事,阻拦辽国骑兵南下。沧州临津令黄懋也认为屯田种稻其利甚大,因此也上书说:"今河北州军多陂塘,引水溉田,有功易就，三五年间，公私必大获其利。"宋太宗采纳了这一建议，任何承矩为制置河北沿边屯田使，调拨各州镇兵 18000 人，在雄州（今雄县）、莫州（今任丘）、霸州（今霸州市）、平戎军（文安县西北新镇）、顺安军（今高阳县东旧城）等地兴修堤堰 300 千米，设水门进行调节，引水种稻。到熙宁年间，界河南岸洼地接纳的河水有滹沱、漳、淇、易白（沟）和黄河等，形成了由 30 处大小淀泊组成的淀泊带，西起保州（今保定市），东到沧州泥沽海口，约 400 千米。这是河北海河地区农田水利一次大开发，也是河北海河地区种植水稻的一次高潮。直到北宋后期，淀泊工程才日渐堙废。

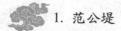

海塘工程

海塘是一种抵御海潮侵袭、保护沿海农田和人民生命安全的一种水利工程。海塘工程主要分布于江浙两省的沿海地区，范公堤和江浙海塘是其代表。

1. 范公堤

范公堤是北宋范仲淹于乾兴四年（1168 年）在苏北沿海主持修建的一条捍海大堤，起自江苏阜宁，抵达启东吕四，全长 291 千米。大堤建成后，使大量农田免除了海潮侵袭，百姓为了纪念范仲淹，就将此堤称为范公堤。《宋史·河渠七》上，称它是"三旬毕工，遂使海濒沮如，斥卤之地化为良田，民得奠居，至今赖之"。

其实早在唐代时期，这一带就已经建有捍海堰。《宋史·河渠七》说："通州、楚州沿海，旧有捍海堰，东距大海，北接盐城，袤一百四十二里，始自唐黜陟使李承实所建，遮护农田，屏蔽盐灶，其功甚大。"大约因年久失修，至宋时已经坍坏。范公堤应该就是在捍海堰的基础上重新修建的。

到了明清时期，范公堤的堤外已经陆续涨出平陆 50 多千米，但此堤仍有束内水不

范公堤遗址

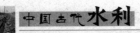
致伤盐、隔外潮不致伤稼的功用。

 2. 江浙海塘

江浙海塘，北起常熟，南至杭州，全长 400 多千米，其中又分江苏海塘和浙江海塘两大部分。江苏海塘，又称江南海塘，大部分临江，小部分临海，所经之地有常熟、太仓、宝山、川沙、南汇、奉贤、松江、金山等县，长 250 千米。浙江海塘又称浙西海塘，经平湖、海盐、海宁至杭州钱塘江口，长约 150 千米。

江浙海塘修建的历史很早，汉代杭州已修建有钱塘江海塘，但只是一种简单的土石塘；唐代在海盐县（今嘉兴）又重筑捍海塘，长 62 千米；五代时吴越王钱镠又在钱塘江口筑石塘。

江浙沿海是明清时期全国农业生产最发达的地方，全国田赋收入相当大的部分都来自这个地区。保障江浙沿海的安全，不仅直接关系到千百万人民的生命财产，同时也影响到封建王朝的田赋收入。因此，这一时期修筑江浙海塘，就成为朝野共同关心的大事，从而促进了海塘建设的发展。其主要的表现就是将土塘改成石塘，提高海塘抗御海潮的能力。

在浙江海塘方面，海盐、平湖地段，明代修筑了 21 次，至明末已基本改成石塘；海宁地段由于有强潮侵袭，土质又是粉砂土，加上当时尚未解决在浮土上修建石塘的技术问题，只是在部分地区修建了石塘，直到清代的康熙、乾隆时期，才发明了"鱼鳞塘"的修塘方法来解决这个问题。所谓鱼鳞塘法，就是在每块大石料的上下左右都凿有斗笋（亦作"斗笋"，连接和拼合的榫头），使互相嵌合，彼此牵制；并在合缝处用渍灰灌实，再用铁笋、铁锁嵌扣起来，使其坚固不易冲坏。由于在浮土上修建石塘的技术问题得到了解决，把海宁海塘改建成了鱼鳞石塘，这一带的农田因而也获得了有效的保障。

在江苏海塘方面，松江、宝山、太仓等地海塘，在明清时期的重修共有 30 次之多。崇祯七年（1634 年）在松江华亭建了江苏最早

坎儿井

的石塘。此次华亭海塘不断修筑加固，太仓、宝山的海塘也在清末增修。但和浙江海塘相比，江苏海塘一般都是比较矮小的土塘，即使是石塘，也比较单薄。在技术方面，江苏海塘从"保塘必先保滩"出发，特别重视护岸工程在消能、防冲、保滩、促淤等方面的作用，以加强塘堤本身，这是一种积极的护岸思想，这种措施对节省筑塘经费有着重要的意义。

坎儿井工程

坎儿井是新疆地区利用地下水进行灌溉的一种特殊形式。新疆地区雨量少，气温高，水分极易蒸发；砂碛多，地面流水又极易渗漏。针对新疆地区这种特殊的自然特点，创造出了坎儿井工程。

坎儿井又称卡井。《清史列传·全庆传》："吐鲁番境内地亩多系挖井取泉，以资灌溉，名曰卡井。每隔丈余掏挖一口，连环导引。水由井内通流，其利正溥，其法颇奇，洵为关内外所仅见。"据记载，坎儿井在汉代已经在新疆出现，只是当时没有坎儿井其名而已。《汉书·西域传下》载："宣帝时，汉遣破羌将军辛武贤将兵万五千人至敦煌，遣使者按行表，穿卑鞮侯井以西，欲通渠转谷，积居庐仓以讨之。"三国人孟康注"卑鞮侯井"说："大井六，通渠也，下流涌出，在白龙堆东土山下。"由此可以看出，这有六个竖井、井下通渠引水的工程，显然就是我们今天所说的坎儿井。

坎儿井是以渗漏入砾石层中的雪水为水源，包括暗渠、明渠和竖井三个部分。暗渠的作用是把水源引流到明渠即灌渠中。开挖暗渠前每隔 3～4 丈挖一竖井，一是为了解地下水位，确定暗渠位置；二是便于开挖和维修暗渠时取土和通气。这样既可利用深层潜水，又可减少水分蒸发，避免风沙埋没，正好适应了新疆地区的自然特点。

新疆坎儿井的大发展是在清代，据《新疆图志》记载，十七八世纪时，北疆的巴里坤、济木萨、乌鲁木齐、玛纳斯、景化乌苏，南疆的哈密、鄯善、吐鲁番、于阗、和田、莎车、疏附、英吉沙尔、皮山等地，都有坎儿井。最长的哈拉马斯曼渠，长 75 千米，能灌田 16900 多亩。清末，仅吐鲁番一地就有坎儿井 185 处。坎儿井在新疆农业生产的发展中起到了至关重要的作用。道光二十四年（1844 年），林则徐赴新疆兴办水利，他在吐鲁番见到坎儿井后，说："此处田土膏腴，岁产木棉无算，皆卡井水利为之也。"

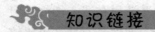

因地制宜的农田水利工程

农田水利的开发方略根据不同的自然条件是因地制宜、因势利导的，主要有下列几种：

（1）平原地区的渠系灌溉工程，引水口多建在河流出山峡入平原处。例如漳河上的引漳十二渠、岷江上的都江堰、泾水上的郑白渠、黄河上的宁夏灌区和湿水（今永定河）上的戾陵堰等都是这样。北方针对多沙河河流的这类工程实行淤灌水沙并引。

（2）丘陵地区的渠塘结合的灌溉工程。在汉水中游和淮河上游多有分布，渠道上通连多处储水陂塘，例如南阳地区引湍河的六门竭、宜城引蛮河的长渠及木渠、湖北枣阳南宋时修的平虏堰等。

（3）南方多分布有山丘区的塘堰灌溉工程，而北方山西等地也有分布，例如安徽寿县的芍陂、今洪泽湖一带的白水塘、江苏扬州的陈公塘、丹阳的练湖、南京的赤山湖、浙江宁波的东钱湖等。

（4）东南沿海地区由于有独流入海的小河，海潮沿河上溯，使得水质变咸，对灌溉不利，所以多御咸蓄淡灌溉工程。古人在入海口处筑堰坝阻挡咸潮入侵，蓄积淡水引灌农田。例如浙江绍兴的三江闸、宁波的它山堰以及福建莆田的木兰陂等。

（5）沿江滨湖地区的圩垸工程。唐代开始迅速在长江下游、太湖流域发展，到了宋、明逐步推广至巢湖、鄱阳湖、洞庭湖流域，以及江汉平原及珠江下游地区。

（6）在中国的西北、华北地区则多发展井灌，新疆则集中发展坎儿井。

古代的防洪与治河

　　中国的江河湖泊是孕育中华民族的摇篮,同时江河泛滥也成为社会发展的桎梏。当社会生产方式从渔猎一步步迈入以农业为主的时期,人们从丘陵迁移到平原定居,洪水便开始经常威胁到人们的生产与生活。

　　据历史记载统计,公元前206—公元1949年的2155年间,在中国这片土地上共发生大水灾达1000多次。因此,治河防洪就成为社会经济发展的基本保障,尤其是中华民族的主要发祥地黄河流域,治水历史源远流长。

　　从大禹治水传说开始,历代政府都在治河工作中投入大量的人力、物力。历代积累的防洪治河经验,使得中华民族形成了丰富多样的防洪思想,创造了规模宏大的堤防系统和配套的治河工程技术,制定了相关的防洪组织制度等,成为中华文明的重要组成部分。

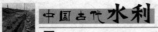

第一节
中国古代防洪与治河简史

 先秦时期的防洪和治河

人类最初为了生存，必然要选择临水而居。随着社会的进步和农耕文明的兴起，我们的祖先对水源的依赖性也越来越强了。到了原始社会末期，农业进入了锄耕阶段，人们逐渐由近山丘陵地区移向土地肥沃、交通便利的黄河流域等大江大河的下游平原生活。

水是一把双刃剑，有利也有害。不久，洪水向人类袭来，淹没了平原，包围了丘陵和山冈，人畜死亡，房屋被吞没。这时，大禹受命治水，他疏导并分流洪水，将黄河下游的入海通道一分为九，经过十多年的不断努力，终于获得了治水的巨大成功。大禹治水采用的疏导和分流方法正好适应当时人口不多、居民点稀少的社会情况。

夏、商、周三代政治经济中心主要在黄河中下游。黄河下游与海河水系合一，河道自河南北部经河北中部，至天津以南入海。商代已有黄河灾害记录，文献记载黄河第一次大改道发生于周定王五年（公元前602年），改道后向东迁移，从今沧州以东入海。黄河下游已形成的堤防在战国时期开始出现决口，其他河流如漳河等也有了水灾记载。

到了春秋战国时期，人口骤增，社会经济空前发展，筑堤防止黄河泛滥的方法也应运而生。

在当时，筑堤防洪自然是有效手段。但是，黄河之水从上游冲下来的大量泥沙堆积在下游河床里，不断抬高河床，这使得河水还是会溢出河床。

两汉的治河事业

汉代黄河下游由于河床的不断被抬高而逐渐发展成为地上河，到了西汉文帝时起大规模的决溢已发生了两三次，当时的主要防护工程有修堤、堵口、疏浚、裁弯取直等。自汉武帝元光三年（132年）瓠子（今河南濮阳西南）决口后，黄河长期两河分流，或多道分流。王莽建国三年（公元11年）决魏郡（治邺），致河水大面积漫流，一般称为第二次大改道。东汉明帝永平十三年（公元70年），王景治黄河、汴河成功后，河自千乘（今山东利津县境）入海，河道固定下来。此后，东汉一朝仅有水灾记载四五次，黄河基本稳定。

西汉治黄思想空前活跃，主要内容有，大改道，开辟滞洪区，变离故道，下游分疏以及放任自流等。较系统的理论以贾让治河三策最为著名，还有张戎论及黄河"一石水六斗泥"、主张以水刷沙等。

汉武帝继位后，黄河下游频繁决堤，当时经常性的治河工作就是筑堤和堵口。

汉武帝元光三年（公元前132年），黄河在瓠子（今河南省濮阳市西南）决口。洪水向东南冲入巨野泽，泛入泗水、淮水，淹及十六郡，灾情严重。汉武帝闻讯，十分焦急，立即派汲黯、郑当时率10万人前去堵塞，未能成功。

丞相田蚡为了一己私利，反对堵塞决口，说黄河决堤是天意，不能靠人力强行堵塞，结果此后黄河泛滥长达23年。

元封二年（公元前109年），濮阳地区干旱少雨，又逢大河枯水期。汉武帝认为正是治河的有利时机，便派遣大臣汲仁和郭昌率数万人再次堵塞瓠子决口；并在出巡回京的途中专程到瓠子工地视察，亲自指挥。汉武帝先将白马、玉璧沉于河中，敬祀河神，然后命令随从官员，自将军以下，全部出动，背负柴草，填塞决口。柴草用尽后，又命令治河人员砍伐淇园竹林的竹子继续填塞，终于堵住了决口。之后，又在黄河北侧新开二渠，引导河水北流。

治河成功之后，汉武帝十分满意，特地作了一首《瓠子之歌》，而且为了纪念这项重大治河工程竣工，还在新堤上建筑了一座宣房宫。

汉成帝建始四年（公元前29年），大雨滂沱，十余日连续不止。黄河洪峰骤起，直撼馆陶、东郡、金堤。不久，大堤崩溃，致使东郡、平原、千乘、

黄河三门峡大坝

济南 4 郡 32 县被淹，受灾面积达 1 万多平方千米，摧毁官府民房近 4 万间，十多万人流离失所，人畜伤亡惨重。

王延世在这时临危受命担起了治理黄患的重任。他自幼钻研水利，关心国计民生。受命治水后，亲临现场勘察，找出症结，毅然决定在馆陶、金堤垒石塞堵狂流。他命工匠制作长 4 丈、大 9 围（1 围等于一人两臂合拢的长度）的竹笼，中盛碎石，由两船夹载沉入河中，再以泥石制成河堤。他带领军民日夜奋战 36 天，终于修成河堤，于次年三月初堵住了决口。汉成帝为纪念治黄成功，在四月改"建始"五年为"河平"元年。

河平三年（公元前 26 年），黄河又在平原决口，汉成帝派王延世与丞相杨焉、将作大匠许高、谏大夫马延年共同治理黄河决口。王延世经过严密的计算与精确的测量后，仅用了半年时间就修复河堤，让百姓恢复了正常的生产。这年，农业获得丰收，两岸百姓得以安居乐业。

王延世不愧为治水专家，他在黄河岸边以竹笼盛石稳固坝基将川人治水经验推广到中原，终于治服了桀骜不驯的黄河。

由于黄河河床高耸，超过民房，防洪条件恶化，形势危殆，此时单纯依靠筑堤堵口已经无济于事，必须寻求新的解决办法。西汉末年，在朝廷的倡导下，开展了关于治河理论的辩论。治河专家提出的疏导、筑堤、水力刷沙、滞洪、改道等方法对后世影响较大。

汉成帝绥和二年（公元前7年），水利专家贾让应诏上书，提出治河三策：上策主张不与黄河争地，留足洪水需要的空间，有计划地避开洪水泛滥区去安置人们的生产和生活；中策主张将防洪与灌溉、航运结合起来综合治理；下策是完全靠堤防约束洪水。其中的上策主张在改造自然的同时努力谋求与自然和谐发展，是有其积极意义的。

黄河在王莽篡汉后再次决口，改道从今山东利津入海，河水泛滥近60年。

东汉开国皇帝光武帝去世后，其子汉明帝继位，于永平十二年（公元69年），派擅长水利的王景治理黄河。王景学识渊博，尤其精通水利工程。汉明帝从全国各地调集了数十万士兵，开赴黄河沿岸。王景指挥他们以改道后的新河道为黄河河道进行修堤，使之不用再开新道；又新建了汴渠水门，使黄河、汴河分流，从而加强黄河抗御洪水的能力。这样，同时收到了防洪、航运以及稳定河道的多种效益。

这条新河道从今濮阳县与故道分离，流经范县、东阿、滨海，至利津入海。新河道起到了治黄的重要作用，维持了近千年，直到北宋仁宗景祐元年（1034年），黄河未进行过重大改道，也未发生过特大洪水，被公认为一项了不起的成就，甚至可以说是一个奇迹。

知识链接

贾让上书论治河

贾让在上书以前，曾亲至黄河下游东郡一带做了实地考察，并研究了前人的治河历史。他发现战国时齐国与赵、魏两国以黄河为界，赵、魏临

山，齐地低，于是齐国远离黄河25里筑堤。当黄河之水泛滥，东抵齐堤时，赵、魏两国就被淹了，于是，赵、魏两国也远离黄河25里筑堤。这样，就给黄河留出了活动的空间。如今，沿河居民不断与黄河争地，民房与黄河仅数百步。经过深思熟虑，贾让这才在上皇帝书中提出治河上策，主张迁走堤下居民。有人说："这样做会败坏城郭、田庐、冢墓，百姓怨恨，且花费甚巨。"贾让不以为然，他说："濒河十郡治堤用款每年不止万万金，而且一旦黄河决堤，损失更大。如果拿出数年治河之费迁走堤下居民，黄河改道计划一定会成功的。黄河改道一旦成功，将会河定民安，千载无患，因此说这是上策。"

治河上策符合20世纪60年代以来实行的非工程措施防洪理论，其中也包含躲避洪水的措施在内。贾让能在两千年之前提出这样的见解，不能不说是有先见之明。

三国洪涝水灾及治理

黄河下游在三国分立时有4次决溢记载，以后300多年中，黄河堤防残破，河水长期自然漫流，流域人口稀少，避水而居。而南方汉水、长江已有局部堤防，江河、淮河、海河各流域上也都有引水攻战的事例记载，形成不少人为水灾。

1. 江汉堤防的创始

南方江汉堤防从这一时期开始增多。汉水襄阳大堤始建于汉，曹魏时（景元四年，263年）曾因堤决，重加修筑。《水经·沔水注》记山都县（在今襄樊市西北80里，汉水南岸）有大石激（"激"是"激去其水"，一种用以改变河水流向的水利工程设施），叫五女激，是一种改水护岸工程。东晋桓温令陈遵筑在江陵修建江堤，这是最早记载的长江堤防。陈遵长于筑堤，可听鼓声知地势高下。梁代天监元年（502年），郢州（今武昌）也有长堤的记载；武帝天监六年（508年）有荆州江水泛溢冲决堤防的记载；南齐时武陵（今常德市）曾修治城南沅江古堤。这些都说明长江流域逐渐得到开发，而黄河流域反而有倒退现象。

 2. 黄河、海河流域的排涝

黄河流域及海河流域多洪水泛滥，这与多雨为灾是分不开的，最后积而为渍涝沼泽。随着政治的稳定与人口的增多，排涝、垦田增产就变得很必要。文献记载有两个事例，可见一斑。

西晋前半期稍为稳定，官府欲大兴农田，束皙于惠帝元康六年（296年）在河内地区开垦牧地及排水、灌溉。当时这里地少人多，而邯郸、安阳一带反而多为牧地，"猪、羊、马，牧布其境内"，这与沼泽多不无关系。束皙还建议把吴泽陂开垦，指出陂有良田数千顷，现为水占，排除并不难，因此，可以利用剩余的水来灌溉田地，"荆、扬、兖、豫，淤泥之土，渠坞之宜，必多此类"。只是豪强大族和官吏勾结，"惜其鱼蒲之饶"不准开垦。束皙把兖、豫和荆、扬并列，认为这些地方都需要排水垦殖，引水灌溉。当时人心目中黄河流域及淮颍流域陂泽之多与荆扬（今长江下游以南各省包括安徽及苏北）不相上下，正如束皙所建议的那样，都需要开发治理。汲县一带在束皙建议以前20多年已开荒5000余顷，可见荒地之多。

北魏中期北方的情况相对比较稳定，但是到了孝明帝初年，冀州、定州等地常闹水灾。崔楷上疏说，冀州、定州、瀛州、幽州连年大雨，河水泛溢，是由于沟渠太小、河道弯曲、水流不畅所致。因此必须建造新排水系统，随地形情况开排水沟，筑堤建堰，施工以"水势顺畅，工程坚固，经济省费，能应付洪水"为原则。若是要建构一个排水系统，沟渠要互相通连，水口要多，要能冲洗盐碱，排干沼泽，下游由河入海。在冬季施工前，先要勘测、绘图、规划、定线，估计出

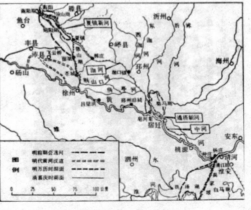

徐州运道的黄、运分立

工程大小，人工若干，按地区方便，分划出工，由地方主持。他还建议随地形高下开发水田种稻、旱地种植桑麻。崔楷把这一带与江淮相比，指出江淮以南地区，虽然地势洼下，雨量也较多，而开发得却较好，就是先例。这一建议虽得到批准，并由他主持施工，但未完成就停工了。当时主要是治理海河流域的溃涝，所涉及的主要河道有清水（今卫河）、漳水（单独入海）、滹沱河（单独入海）、弧水（上游为今大沙河，下游已无）、易水（单独入海，上游合滱水，今唐河）、湿水（今永定河）、沽水、鲍丘水（今一部分为潮白河）等。

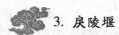 3. 戾陵堰

嘉平二年（250年），兴淮南水利的刘馥之子刘靖镇蓟城（今北京），修建戾陵堰、车箱渠引湿水（今永定河），灌溉蓟城北和东面、南面的土地万余顷。《水经·鲍丘水注》记载有刘靖建堰碑的节文，还有晋元康五年（295年）刘靖之子刘弘重修堰时所作表的节文，由此可见当时堰和渠的规模和形式。当时刘靖"登梁山以观源流，相湿水以度形势……乃使帐下督丁鸿军士千人，以嘉平二年立遏于水，道高梁河，造戾陵遏，开车箱渠"。梁山即今石景山，而登山、相水是由刘靖亲自勘测。在嘉平二年用军工造堰，并开浚高梁河，开凿车箱渠。大致是自堰引水入新开的车箱渠，渠下游入高梁河。但高梁河原向南过蓟城东入湿水，现则开浚引而东流至潞县（今通州），入鲍丘河（又名潞河）。堰、渠的位置大致如图所示：

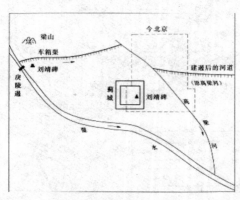

戾陵堰与车箱渠位置图

堰址处于湿水出山处，两侧"长岸峻固"。现代勘测出两侧皆为灰绿岩，地质条件很好。堰下即进入冲积平原，渠由西向东，在冲积扇的脊梁上，控制较大的面积，并充分利用原有高梁道。以"车箱"的名字来看，可能因系石渠，岩石坚硬，断面挖成矩形。对于堰和渠的结构、施工和运用情况，"遏表"上说："长岸峻固，直截中流，积石笼以为主遏，高一丈，东西长三十丈，南北广七十余步。依

北岸立水门，门广四丈，立水十丈。山川暴戾则乘遏东下，平流守常则自门北入，灌田岁二千顷。"石笼是木笼或竹笼装石，累砌石笼做成堰的主体。水门在北岸，有闸门控制。而它只是在平流时作引水用，洪水一来则垮坝溢流。坝身不高，水门立水应当是水门处水深。

根据近代所掌握的水文情况，永定河流量最大曾达 5 万立方米/秒，洪峰历时很短。因此，戾陵堰的边坡也很缓，坝身也不能太高，引水门必须有控制。12 年后的景元三年（262 年），"更制水门，限田千顷"，这是又改建了一次水门。改建的原因是刘靖原封地百余万亩，这时因民田产粮不够，自他处运粮又太费时间和金钱，因此从他的封地中划出 4316 顷交给地方，刘靖自己只剩 5930顷。原封地浇田 2000 顷，这时也相应减为 1000 顷。戾陵堰引水入车箱渠自蓟城西北，过昌平，东到渔阳郡的潞县，长两三百千米，共可浇地"万有余顷"，灌区的田约有百万余亩。到晋元康五年（295 年），堰被洪水冲毁，刘靖的儿子刘弘又命军工重修。"遏立积三十六载，至五年夏六月，洪水暴出，毁损 3/4，乘北岸七十余丈，上渠，车箱所在漫溢。（刘弘）追惟前立遏之勋，亲临山川，指授规略，命司马关内侯逢恽内外将士两千人，起长岸，立石渠，修立（主）遏，治水门。门广四丈，立水五尺。兴复载利通塞之宜，准遵旧制。凡用功四万有余焉……"而其中的 36 载实际应为 46 载。洪水冲毁主堰 3/4，漫溢北岸 70 余丈，水门也被冲毁，渠内进水过多，也处处漫溢。2000 将士人工作二十几天，共用 4 万余工。工程特点是修建了"长岸"，在北岸修建了护岸和堤防。由于修复了水门和主坝，把水门抬高了一些，所以立水只剩了 5 米。

这一工程，因北方战乱，年久失修。此后 200 多年，到北魏神龟二年（519 年），幽州刺史裴延伤根据卢文伟的建议由其主持开始修复。修复后，旱灾解除，共灌田百余万亩。此后又过了 40 多年，北齐天统元年（565 年），幽州刺史斛律羡"导高梁水北合易京（今温榆河支流沙河），东会于潞，因以灌田，边储岁积"，是这一工程的扩充。到唐代永徽时（650—655 年），检校幽州都督裴行方引卢沟水开稻田数千顷，也属于这一灌区。

唐宋时期防洪与治河

隋唐时期，黄河下游在 300 多年中决溢 20 多次。而到了五代时由于政权分立，战乱多，平均每两三年就决溢一次。北宋 168 年中平均一两年决溢一次，因灾害规模大，修防工程多，技术水准有所提高，但大多为纸上谈兵，方略政策往往举棋不定。初期多主张开支河分流，实际只筑堤堵口，修埽。庆历八年（1048年）黄河改道，自今天津东入海。于是，有是否挽河归故道向东流的争议。人工改河回东两次，均不能持久，仍然恢复北流。

五代以前，黄河相对稳定一些，很少决堤。五代至北宋，由于黄河泥沙多年淤积，河床抬高，黄河决堤溢洪现象日渐严重。由于长年的泥沙淤积，王景、王吴治理的这条原来地势较低、河床较深的河道，又被逐渐地抬高了。到唐朝时，决口泛滥开始增多。宋仁宗庆历八年（1048年），河决濮阳，终于发生了又一次重大的改道，黄河向北流经馆陶、临清、武城、武邑、青县等地，至天津入海。这时，和朝廷两派大臣政治斗争一样，防洪方略也存在着严重的分歧，突出表现在黄河东流与北流的争论，而这种争论使防洪问题更加复杂化。

至宋高宗建炎二年（1128年），金兵南下，东京留守杜充妄图用河水阻挡，掘开黄河南堤。但军事目的并未达到，却酿成豫东、鲁西、苏北的特大水灾。黄河下游河道再一次大迁徙，夺泗水、淮水河道，与泗、淮合流入海。由于河床很浅，从决口到泗水一段几乎在泛滥中形成，因此使得这条由人工决口形成的黄河下游的新河道问题很多。泗水以下一段河道狭窄，又有徐州洪、吕梁洪之险，很难容纳下黄河汛期的洪水。当时，宋金南北割据，淮河成了南北分界线，治理黄河已不可能，防洪治河的重任只得留待后世来完成了。

元明清时期的防洪与治河

元明清时期，因黄河含沙量过高，使得黄河下游的河床淤积抬高，因此给防洪带来了许多困难。

自汉朝起，就有人提出利用黄河自身的水流冲刷下游河床淤积的泥沙，但未能就此探讨出可以实行的工程技术方案。明朝万历年间，主管防洪的总理河道潘季驯总结前人的认识，系统提出"束水攻沙"的理论以及实现这一理论的实施方案。这个系统堤防工程由缕堤、遥堤、格堤、月堤几部分组成。缕堤在主流约束水流，提高流速，便于冲刷河床中淤积的泥沙。遥堤在缕堤之外，距缕堤两三里，其目的是在洪水涨过缕堤时防止洪水四处泛滥。为了防止特大洪水冲坏遥堤，还在某些地段的遥堤上建有溢洪坝段。

"束水攻沙"在理论上的贡献是杰出的，潘季驯所设计的一系列工程措施发挥了有益的作用，但并未达到刷深河床、防洪泄洪的目的。当年，黄河在淮阴一带夺淮入海，黄河河床和水位的抬高形成对淮河的压抑，使淮河洪水排泄困难，因此在淮阴以西

黄河大堤

逐渐形成了一个洪泽湖。最后，黄河还将淮河入海的河道淤塞，从而压迫淮河由三河闸改道入江，几乎使淮河成为长江的一个支流。向东入海的黄河与南北方向的运河交叉，运河一度依靠黄河之水，但黄河泛滥或淤积过多的泥沙时，运河便要中断。

康熙十六年（1677年），虽然"三藩之乱"尚未平定，清政府还是任命靳辅为治河总督，负责治理黄河和运河。靳辅的幕僚陈潢重视调查研究，知识渊博。在治河方面，他虽强调筑堤的作用，但又力主治河方法多样化。陈潢认为治水必须因地制宜，或疏，或蓄，或束，或泄，或分，或合，他甚至提出阻止黄河上中游泥沙下行是治河之本，这是后代水土保持的先声。这一思想虽然当时未被人们所重视，但他的其他治河主张，却被靳辅在治河实践中采用了。

靳陈二人治河理念与潘季驯大致相同，即筑堤束水，以水攻沙。但筑堤范围要比潘氏广泛，除修复潘氏旧堤外，又在潘氏不曾修建的河段加以修建。如河南境内，他们认为"河南在上游，河南有失，则江南（应为江北）河道淤淀不旋踵"。因此，在河南中部和东部的荥阳、仪封、考城（仪封和考城现已并入兰考）等地，都修建了缕、遥二堤。潘氏认为苏北云梯关（即今滨海县）以东地近黄海，不适于修建河堤。而靳、陈认为"治河者必先从下流治起，下流疏通，则上流自不饱涨"，因此修建了18000米束水攻沙的河堤。

除此之处，靳、陈二人还在许多方面超过了潘氏。潘氏只强调筑堤束水、以水攻沙，而靳、陈除了强调束水攻沙外，还十分重视人力的疏导作用。他们认为3年以内的新淤，比较疏松，河水容易冲刷；而5年以上的旧淤，已经板结，就必须靠人力浚挖。

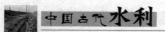
　　他们不仅注意人力浚挖，还总结出一套"川"字形的挖土法。在堵塞决口以前，在旧河床上的水道两侧 3 米处，各开一条宽 8 米的深沟，加上水道，成为"川"字形。堵决口、挽正流后，三条水道很快便可将中间未挖的泥沙冲掉。这种方法可减轻挖土的工作量，而挖出来的泥沙还可用来加固堤防。

　　在疏浚河口时，他们还创造了带水作业的刷沙机械，系铁扫帚于船尾，当船来回行驶时，可以翻起河底的泥沙，再利用流水的冲力，将泥沙送入深海中。我国古代利用机械治河便是从这个时期开始的。

　　靳、陈等人经过 10 年的努力，堵决口，疏河道，筑堤防，取得了可喜的成绩。仅筑堤就长达 500 多千米，不仅确保了南北运河的畅通，也为豫东、鲁西、冀南、苏北的复苏创造了条件。这一时期，海河流域的漳河、滹沱河，特别是浑河（永定河）也常有水灾，也已筑堤修防，长江荆江段已陆续形成连续堤防工程。

第二节
中国古代治水方略

先秦治水方略

　　先秦文献中有大量的关于大禹治水的传说，《尚书·禹贡》就是专门讲大禹治水的。由于记述的语言简略难读，所以后代人的理解不一致。一般认为《尚书·禹贡》为战国时编成，内容以战国为下限，是古人根据实践经验、传说、记载，以及当时掌握的有关知识综合整理而成的一个关于水土治理的设想。这本书把全国分成九州，分别记述了各州的自然资源，包括山水、土壤、物产和农业生产力以及与政治中心所在的黄河相连接的水运通道等。除此之外，它还记述全国范围的主要山脉及河流。值得注意的是，这本书在最后还提出，统一九州后要建设城镇，开辟交通道路，疏通江河，兴修水利工程，使各处的水都有归宿，然后整顿财富，划定政区及建立制度等。

周灵王二十二年（公元前550年），谷水和洛水大肆泛滥，即将淹没周都王城的王宫。于是太子晋提出平治水土的方略：山为土石所聚，不应当平毁；泽薮是动植物生长的所在，不应当填平；河川是水流的通道，不应当堵塞；湖沼是容蓄水的地方，不应当排泄。但由于共工氏和崇伯鲧没有遵循这些原则，因此治水没有取得成效。

大禹治水，根据天时地利，顺应自然规律，制定治理方略，在共工的后代四岳的协助下，培植山丘，流通河流，筑堤防，围湖泊，培育薮泽，开发平原，在冲要的地方建立城镇，"会通四海"。这个方略与《禹贡》一书所述内容大略相同，都是本着顺应自然规律与社会规律、符合人民愿望、因势利导的原则制定的。

上述方略提出两年后，楚国对水土开发利用提出的办法是：列出已有耕地和可垦耕地，然后估算出山林面积；统计积水的湖沼和低洼泽薮；辨别人为高地和天然丘陵；标出肥美的和瘠薄的农田；计算干燥和湿润的面积；规划塘堰陂池；划定平原耕地及河川堤防界限；定出近水潮湿的牧草地；把平衍的良田分成井字形，形成沟洫系统。由于在当时看来，这只是一个地区的开发，因此没有提及水运的问题。《禹贡》则是叙述全国范围的情况，所提出的水运网络与当时全国统一的要求相符合。

另外，在《管子·度地》中认定水、旱、风雾雪霜、疾病、虫灾为5种自然灾害，其中"水最为大"，于是提出了修堤防水的具体措施。

秦汉以后的治水方略

秦统一全国后，由于疆域广阔，自然条件和社会经济条件不同，历代各地区的治水方略各有侧重。黄淮海平原地区，黄河的治理和修防是重点；西北及江南地区，农田水利的开发是重点。尤其在都城与重要的经济区之间，运河的开通成为重点。在有侧重的同时，也兼顾其他方面，是多目标的综合性开发。

治河防洪方略的制定，常直接受政治经济情况的制约。例如，由于战争攻守的需要，各大江河都有人为决口成灾的事实；北宋和金治理黄河，北重于南；明清治水，以保证漕运为主，黄、淮河的治理方针都以此为前提；元明清建都北京，海河水系发展灌溉较多。

治河方略的实施还常常会受到技术水平的限制。例如，治河工程主要是修筑堤防，其次是分疏改道。先秦虽提出"不防川"，但洪水横流，为灾甚大，还是要修堤防挡水。具体来说，其主要方略有如下几种：

1. 汉代的 "因其自然说"

先秦人提出"象天"这一概念，而到了汉代人们却提出不同的治河主张。汉武帝时，黄河于瓠子决口，长期不堵，丞相田蚡提出的理由是"塞之未必应天"，应听其自然；汉成帝时，李寻、解光的治黄意见是"今因其自决，可且勿塞，以观水势，然后顺天心而图之"；汉哀帝时，平当根据《尚书·禹贡》论治

黄河大堤

河，提出"按经义，治水有决（分疏）河深川，而无堤防壅塞之文"，也主张自然分疏。贾让治河三策中的上策指出"疆理土地，必遗川泽之分""治土而防其川，犹止儿啼而塞其口"，主张任河向北漫流，"势不能远泛滥，期月自定"，这种说法对后代治水方略影响颇大。东汉初，议论治理黄河和汴河的方略，也有人说："宜任水势所之，使人随高而处，公家息壅塞之费，百姓无陷溺之急。"

2. 北宋的 "限制洪水说"

北宋开宝五年（972年）诏书说："每阅前书，详究经渎，至若夏后所载，但言导河至海，随山浚川，未闻力制湍流，广营高岸。"仍是先秦"不防川"的一种解释，以后，在治理黄河无成效的情况下，宋神宗说："河决或西或东，若利害无所授，听其所趋如何？"又说："如能顺水所向，迁徙城邑以避之，复有何患？"但如果黄河没有一定趋向，"善决，善淤"，形成洪流，不能不加以限制。贾让三策中的上策就包括"西薄大山，东属金堤，势不能远泛滥"，仍旧需要通过堤防约束拦挡。北宋建中靖国元年（1011年），任伯雨

提出，黄河"泥沙相半"，淤久必决，"势不能变"，"或西而东，或东而北，亦安可以人力制哉！为今之策，正宜因其所向，宽立堤防，约拦水势，使不致大段漫流"。宽堤防缓流，是北宋人治河的重要经验。

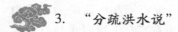

3. "分疏洪水说"

关于黄河下游两遭分流或多道分流的说法很早就已出现了。先秦已有"禹疏九河"之说，又有济水、漯水分支的存在。西汉有瓠子决口，形成两道分流，还有屯氏河分流，漫流或多道分流的局面直到王景治河时才归为一道。魏晋南北朝时堤防失修，长期漫流。隋唐以后，或分流，或一两年一次决口，决口也是分流。如将决口分流一起统计，2000多年来，分流时期约占2/3以上。北宋初曾有"复遥堤不如分流"的主张。明代常有人工挖河向南分黄河水的工程。

黄河在决口分流后，由于取代了主流并且不堵，于是就造成改道。因此有意识不用堵的办法而改道或人为改道都是治河方略的一种，常和夏禹故道说相连。旧道既淤，不能疏浚，改行新道，实际是节省了疏浚工程量。"疏"也包括浚深，所以改道与分疏是一种方略。人为改道的治河办法源于西汉，但北宋进行了很多次人工改道，却均未见成效。明清时，黄河南流，多次有人提出改河北流，因为北低南高，北流顺畅，乾隆年间有人明确指出应减水或改道入大清河。

4. "束水攻沙说"

明代潘季驯主张治理黄河应采用"束水攻沙"的战略，即坚筑缕堤束水刷沙是对黄河的疏导；筑遥堤防止泛滥，导水入海是顺水之性；攻沙使沙不淤是顺沙之性。他反对分流，认为"水分则势缓，势缓则沙停，沙停则河饱，饱则夺河。借势行沙，合之者乃所以杀之也"；同时，他也反对改道，主张决口必堵，认为旧河淤，新河亦淤，数年之后，新河也变为旧河。

清代陈潢认为，黄河泛滥并不是河性善决，而是"就下"的性质受到抑制；治水要顺其性，疏、蓄、束、泄、分、合都是顺自然立性；堤防束水是以顺水性，合水势达到刷深河底，水得就下，是以水治水的自然之性。陈潢认为，采用宽筑遥堤的办法以防止洪水泛滥；采用在遥堤上修减水坝的办法以有控制地分减洪水；在治河的过程中，永远不会做到一劳永逸，只有经常翻修才能不断加固堤防。

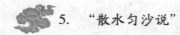

5. "散水匀沙说"

明代按束水攻沙理论治河的效果不甚显著，清代有不少人针对河流的泥沙问题反对修筑堤防。陈法认为，古代治黄只有疏导，没有堤防；河决为灾是由于修堤，所以主张开河而不筑堤；宽立遥堤亦无益而有害，无堤时水只有泛溢而无决口；河溢泥沙可以淤地，麦季可以加倍收获；沙漫散于大面积土地上，在河槽内淤积较少，澄水归槽时可以冲刷泥沙，支流和沥涝可以顺畅流入河内。

清代曾出现过很多论治海河谷水的主张。乾隆年间，对治理永定河就有议论说："治浊流之法以不治而治为上策，如漳河、滹沱河等之无堤束水是也。此外惟匀沙之法次之，如黄河之遥堤的一水一麦是也。"还有人提出宽堤散水匀沙。与此同时，陈宏谋认为：水散漫，深不过尺，不成大灾；沙淤可肥麦田；永定河多沙质堤防，不能束水，只泛滥成灾。他主张学贾让上策筑遥堤，辅以减水坝，分减特大洪水；分筑护城、护村等堤防。道光年间，程含章及其后的魏源，认为水害大多是由于筑堤引起，无堤是上策，其次是只筑遥堤。魏源还认为，长江、汉水筑堤也不是上策。同治年间，马征麟提出"治江五条"，结论是"至于增堤塞溃，在前代或为下策。冀为倖一时，自今日视之，直为非策矣！"又把这一观点推广到清水河流。

第三节
古代海塘工程

海塘亦称海堤，也有叫海堰、海堆的，是为防止海潮侵袭陆地而在沿海地区建立兴筑的设施。在中国成语中，常有"沧海桑田"之说，其本意是大海可以淤积成陆地，变作桑田；同样，桑田因遭潮水袭击，崩塌也可成为大海。要防止人间桑田为风潮巨浪吞噬变成茫茫汪洋，而修建海塘，具有保护

钱塘江大潮

滨海人民生产生活安全的作用，是中国水利史中一个重要的组成部分。

为了防止潮汐灾害，古代苏、沪、浙沿海人民修建起了伟大的防潮工程——海塘。它在苏北，被称为海堤；在苏、松和两浙，被称为海塘。海塘的修建开始于秦、汉，后来不断发展，北起江苏连云港，南到浙江上虞，形成一座海岸长城。

大禹治水至秦汉时期的海塘工程

自古以来，我国江苏、上海、浙江三省市的沿海地区就有潮灾。苏北和浙北都属冲积平原，地势低平，大部分地区潮灾严重。

12世纪时，苏北海岸线尚在今盐城县治到东台县治附近。后来，由于黄河和淮水泥沙的沉积，把大片海域变为平原，使海岸线东移了50多千米。

在苏南，由于长江和钱塘江的泥沙堆积，海岸线从4世纪时约在今嘉定县到奉贤县一线附近东推到川沙、南汇一带。今日沪东的大部分土地都是在这七八百年中淤积而成的。

浙江绍兴萧山以北一带的情况也是如此。由于钱塘江泥沙的沉积和潮水对泥沙的搬迁，海岸线也在北推，平原也在扩大。

冲积平原海拔低，一般只有几米。但它土质松软，含有丰富的有机质和矿物质，有利于农作物的生长。因此，当它成陆不久，人们很快就将它开发

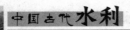
成高产农田了。宋朝以来，松江、嘉兴等地成为我国重要的产粮区，即与此有密切的关系。又由于它濒临大海，具有优越的条件生产海盐，因此，这些地方又成为我国重要的海盐生产基地。

从浙北到苏北一带的沿海都有较大的涌潮，往往会淹没新淤成的土地，破坏盐灶。苏、沪、浙沿海百姓为了防止潮灾，修建了伟大的防潮工程——海塘。秦始皇三十七年（公元前210年），设钱唐县，治所在今杭州灵隐山脚。古代唐、塘通用，唐即塘，也就是堤。以钱唐作县名，因为当时已有海塘。《水经注·浙江水》转引《钱塘记》说钱唐县东500米左右，有一条防海大塘，名叫钱塘。

知识链接

乾隆赋诗赞海塘

在清代修建鱼鳞石塘的过程中最大的难题就是打地基进桩。海宁沿海号称"地脉虚浮"，往往木桩刚刚打下，就动摇不实，也有的干脆打不下去，或打下后隔些日子又自动顶冒出来。很多人用各种方法作试验，都没有成功。乾隆皇帝南巡时到海宁作视察，也感到无能为力。有位老塘工在大家一筹莫展时提出了一个建议，要大家先用大竹探测下桩位置，待确定无误后，将5根梅花大桩同时打下，再夯筑坚实，结果一举成功，攻破了筑塘技术上的最大障碍，为全面改建鱼鳞石塘奠定了基础。乾隆四十五年（1780年），皇帝第三次巡视海宁塘工，听后，专门为这则故事写了一首诗加以颂扬：

却闻夯桩时，老翁言信应；

竹扦试沙窝，成效免变惊；

因下梅花桩，坚紧无欹倾；

鱼鳞屹如峙，潮汐通江瀛；

功成翁不见，讵非神所营。

三国至唐宋时期的海塘工程

我国有确切记载的最早的海塘建筑，是东晋咸和年间（326—334 年）吴内史虞潭在长江三角洲前沿修建海塘。

隋唐时期，随着苏、沪、浙沿海一带的开发，这里的人口和耕地面积日益增加，涌潮所造成的损失也日益严重。于是，人们越来越重视防潮工程，在钱塘江北岸到长江南岸建成了一条长 62 千米的捍海塘，南起盐官（今浙江海宁），经平湖、金山、南汇，北至吴淞江口。这是一条我国古代较早较长的海塘，捍卫着浙、沪间易受涌潮之害的城镇和农田。

唐代宗大历年间（766—779 年），淮南黜陟使李承在苏北也筑了一条比较重要的捍海堤——常丰堰，南起通州（治所在今南通市），北至盐城，长 71 千米，保护民田和盐灶。

自秦汉到隋唐是我国海塘的初建阶段，基本上都是土塘，或者在海岸附近夯筑泥土为塘；或者像筑墙一样，用版筑法建造。这种土塘修建容易，技术也比较简单，可以就地取土，省工省力，但禁不起大海潮的冲击，必须经常维修。

苏、沪、浙的海塘从五代到南宋末年有了进一步的发展。五代后梁开平四年（910 年），吴越王钱镠在杭州候潮门外和通江门外，编竹为笼，将石块装在竹笼内码于海滨，堆成海塘；再在塘前塘后打上粗大的木桩加固，还在上面铺上大石。这种新塘称石囤塘，比较坚固。但是，新塘的竹木容易腐朽，必须经常维修；同时，散装石块缺乏整体性能，无力抵御大潮。伴随人们不断地摸索并加以改进，终于有了正式石塘的兴建。

杭州府知府余献卿是较早正式修建石塘的人。他于宋仁宗景祐年（1036 年），在杭州钱塘江岸建了一条几十千米的石塘。这是壁立式石塘，用条石砌成，整体性较好，远比土塘、石囤塘坚固。但因此塘在江边壁立，受到涌潮冲击时不能分散潮力，易被冲毁。

宋仁宗庆历四年（1044 年），转运使田瑜等人在余塘的基础上进行了较大的改动，建成了 2000 多米的新石塘。它用条石垒砌，高宽各 4 米，迎潮面砌石，逐层内收，形成底宽顶窄的塘型。塘脚为防止涌潮损坏塘基而用装石竹笼保护。石塘背面衬筑土堤，用以加固石塘，并防止咸潮渗漏。

余献卿、田瑜等人在杭州附近修建石塘不久，在钱塘江南岸的部分地区任鄞县（今宁波市）县令的王安石修建了坡陀塘，用碎石砌筑，砌成斜坡，其上再覆以斜立长条石。这种石塘有削减水势的作用。

范公堤遗址

北宋时期，还在苏北沿海修建了著名的"范公堤"。宋仁宗天圣元年（1023 年），范仲淹出任泰州西溪盐官，由于唐朝李承修的通州至盐城旧堤已经坍毁，建议修复并扩建旧堤，得到转运使张纶的支持。在范、张两人的相继主持下，工程顺利完工，南起通州、中经东台、盐城，北至大丰县，全长 90 千米，人称"范公堤"。

北宋至和年间（1054—1056 年），海门知县沈起又将范公堤向南伸展 35千米，人称"沈公堤"。

范公堤和沈公堤捍卫了苏北的农田及盐灶，受到历代的重视。

南宋在海塘的建设方面也取得了许多成就。浙江西提举刘重在宋宁宗嘉定十五年（1222 年）创立了土备塘和备塘河。将挖出的土在河的内侧又筑一条土塘，人称土备塘。备塘河是在海塘外围人工挖成的一条分割海潮的河流。备塘河和土备塘平时可使农田与咸潮隔开，防止土地盐碱化；一旦外面的石塘被潮水冲坏，备塘河可以容纳潮水，并使之排回海中。这样，土备塘便成了防潮的第二道防线，可以拦截威力不大的海潮。

元明清时期的海塘工程

元朝时，在杭州湾两岸都进行了规模较大的石塘修建。在杭州湾北岸修一条长达 75 千米的石塘，南起海盐，北到松江。地方官叶垣、王永等人在南岸的余姚、上虞一带也修建了十几千米长的石塘。

这些石塘在技术上有许多创新：第一，对塘基作了处理，用直径 0.33 米、长 82.67 米的木桩打入土中，使塘基更为坚固，不易被潮汐淘空；第二，在用条石砌筑塘身时，采用纵横交错的方法，层层垒砌，使石塘的整体结构更好；

第三，在石塘的背海面铺上碎石和泥土各一层，加强了石塘的抗潮性能。这种石塘结构已经比较完备，是后来明、清两朝石塘的前身。

元朝时，对苏北"范公堤""沈公堤"作了维修和扩展，使两堤的长度延伸到150千米以上。

钱塘江口水面宽阔，中间屹立着一些岛屿，形成三条水道，分别叫作南大门、中小门和北大门。无

钱塘江海塘

论是钱塘江水还是海潮，在13世纪以前，主流基本上是走南大门的。后来，由于钱塘口沙嘴变化等原因，海潮主流逐渐移到北大门。因为南岸有许多小山，涌潮不致造成严重灾害；而如果涌潮主流从北大门经过，钱塘江下游的北面是一望无际的、地势低平的太湖流域，所以便会酿成无法估计的损失。当主流走

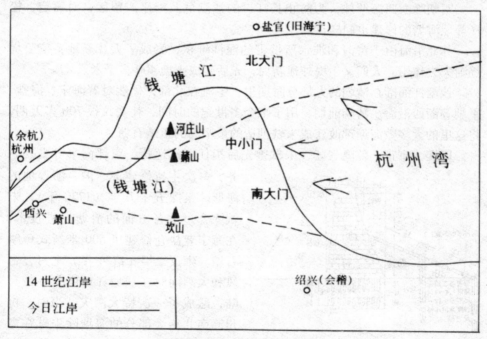

钱塘江涌潮主流及江岸变迁示意图

南大门时，海宁旧城（盐官）南面有大片陆地，它离杭州湾尚有20多千米；主流走北大门后，大片大片的陆地被涌潮吞噬，钱塘江岸步步后撤，旧海宁便成为一座面对大海的危城，只好北迁。杭州湾北岸是当时全国经济最发达的太湖流域的前沿，明政府不得不频繁地组织人力、物力，修建当地的海塘。

明朝历时276年，在这里修建海塘就多达20多次。人们在频繁修建浙西海塘的进程中，不断总结经验，改进塘体结构，以提高抗潮能力。其中最重要的是浙江水利佥事黄光升创造的五纵五横鱼鳞石塘。他总结以往的经验教训后认为：旧塘，一是塘基不结实，二是塘身不严密。因此，他主持建塘时，在基础方面，必须清除地表的浮沙，直到见到实土，然后再在前半部的实土中打桩夯实。这样的塘基承受力大，也不易被潮水淘空；在塘身方面，用长、宽、厚分别为6米、2米、1米的条石纵横交错构筑，五纵五横，以上层层收缩，呈鱼鳞状，顶宽1米；石塘背后，加培土塘。这种纵横交错、底宽顶窄、状如鱼鳞的石塘十分坚固，但费工费料。因此，当他改造到全部塘工的1/10时，筹集的经费便用光了，其他地方只好仍用旧塘。

明朝除浙西海塘外，为防止长江口的涌潮危及南岸产粮区，对嘉定、松江等地海塘的修建也同样重视。

苏北沿海由于黄河和淮水所携带的泥沙堆积，淤成了大片新地，范公堤逐渐失去作用。人们又于堤外建新堤，先后建成土塘400多千米。

钱塘江涌潮在清朝的大部分时期里，主流在北部，仍然对着海宁、海盐、平湖等浙西沿海。清朝前期，用了半个多世纪的时间，耗费纹银700多万两，将这里的大多数海塘都改建成朱轼创造的最坚固的鱼鳞石塘。

康熙、雍正、乾隆三朝，朱轼曾先后担任浙江巡抚、吏部尚书等重要职务，多次主持修建苏、沪、浙等地的海塘。康熙五十九年（1720年），朱轼综合过去各方面的治塘先进技术，在海宁老盐仓修建了500米新式鱼鳞石塘。雍正二年（1724年）七月，台风和大潮同时在钱塘江口南北一带登陆，酿成了一次特大潮灾。当时，杭州湾南北绝大部分的海塘除朱轼在老盐仓所建的新式鱼鳞石塘外，都遭到

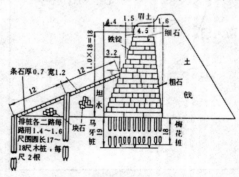

清代鱼鳞大石塘剖面图（单位：尺）

了严重的破坏，生命、财产损失十分惨重。

当初，朱轼改进的新鱼鳞石塘由于造价高，每丈需银300两，所以没有推广，只造了500米。为了浙西的安全，清政府不惜花费重金，决定将钱塘江北岸受涌潮威胁最大的地区一律改建成新式鱼鳞石塘。

此外，清朝在崇明岛也着手兴建海塘工程。崇明岛是今天我国的第三大岛，面积1000多平方千米。唐朝时，它还是一个小沙洲，面积只有十几平方千米。

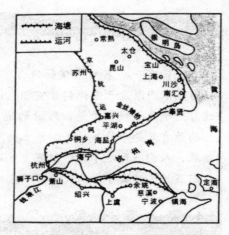

元、明、清苏南、沪、浙海塘位置图

到明、清时，由于江水和潮水中的泥沙不断沉积，而逐步发展成为一座大岛了。从明末起，为了围垦这块新地，人们开始在岛上修建简单的海堤。乾隆时，筑了一条具有一定规模的土堤，长50多千米。

清朝为了防止潮灾，做了一些新的探索。一是涌潮的主流走北大门和南大门都易酿成潮灾，乾隆时期发现涌潮主流只有走中小门时潮灾才较小，所以曾组织力量疏浚中小门水道，引涌潮主流由此通过，并取得了一定的效果。二是清末修建海塘时，尝试着在工程中使用了新式建筑材料——水泥。这一试验当时虽以失败告终，却为人们提供了经验教训。后来，逐渐以水泥作为塘工材料，广为使用。

知识链接

华信设计建海塘

有关海塘最早的文字记载见于汉代的《水经》。南北朝地理学家郦道元介绍了《钱塘记》中这样一个故事：

　　汉代有一个名叫华信的地方官，想在今天杭州的东面修筑一条堤防，以防潮水内灌。于是他到处宣扬，谁要是能挑一石土到海边，就给钱一千。这可是个大价钱！于是，附近的地方百姓闻讯后，纷纷挑土而至。谁知华信的悬赏只是个计策，等到挑土的人大量涌来的时候，他却忽然停止收购。结果，人们一气之下纷纷把泥土就地倒下就走了。华信就是利用这些土料，组织百姓，建成了防海大塘。

古代的漕运与航运

漕运是封建王朝经由河道向指定地点或都城大规模运送粮草的活动。一系列与之相应的制度、设施和活动主体也随着这种经济活动的开展和深入逐渐出现并成熟起来，从而构成了庞大而复杂的漕运体系。

第一节
历时千年的漕运体系

　　早在先秦时期，漕运的历史伴随着运河的开凿就拉开了序幕。秦朝的建立使漕运正式走入了国家经济和社会生活之中，到了汉朝更是将漕运这一体系延续了下来，漕运之盛可谓"大船万艘，转漕相过，东综沧海，西网流沙"。盛唐时期漕运也随之繁盛，到了明清两代，漕运体制更为严密，漕运体系更为健全。

　　漕运和漕运体系构成了封建王朝的生命力，国家为了维持封建王朝的生存和发展，通过漕运获得了足够的粮食供给，为封建社会经济的发展提供了源源不竭的动力。我国地理条件优越，大江大河众多，四通八达的水网和大载量的水运为封建王朝征集粮食提供了得天独厚的条件，因此，漕运代替了陆运等运输方式成为古代最主要的运输形式。此外，古代造船技术的进步和运河水系的逐步贯通也都为漕运的发展创造了条件。

漕运制度的产生

　　春秋战国时期，各诸侯国为载兵运粮，满足争霸战争的需要，挖掘了历史上第一批运河。吴王夫差下令开凿了邗沟；魏国开凿了鸿沟；齐国开凿了淄济运河等。但这些运河多是为各国运送粮草而服务，并非履行了真正意义上的漕运任务。

　　公元前221年，秦始皇建立了历史上第一个统一的封建王朝——秦朝。其都城咸阳，处在人口众多、粮食产量较低的关中，再加上那时封建官僚机构及军队的庞大，本地和就近城市所产的粮食根本无法满足宫廷、官僚、军队及百姓日常生活的需求，从其他产粮地区将都城所需的粮草运输过来成为解决这一问题的主要方法。于是，秦朝便利用渭水、黄河、济水以及鸿沟等水系将政治中心与两个重要的粮食产区——关东经济区和成都平原紧密地联系在一起。秦朝这种利用水运条件大规模向都城和边疆地区运送粮草的做法，可以称得上是真正意义上的漕运。秦王朝为了确保漕运的畅通，开创了以仓储管理为中心的漕运制度，在咸阳和各个水陆交通枢纽地区建立了许多大型粮仓，并对漕运系统实行了严格的管理。

西汉初年，由于政事从简，政治中心地区所产粮食基本上可以满足皇室、官僚和军队的需求，因而，西汉初年漕运规模并不如秦时那么浩大。随着西汉经济的发展和政事的日益繁多，皇室、官员和百姓数量日益增加，再加上大规模军事活动的开展，漕运的复苏势在必行。因此，汉朝恢复了秦朝时期以关东经济区为主要粮食输出地的大规模漕运。到了汉武帝时，每年从关中经济区漕运的粮食通常达十多万吨，为确保漕运时大型船只的顺利通行，西汉政府在秦朝漕运水道的基础上又整治了鸿沟，重新开凿了长约150千米的关中漕渠，从而以足够的物质保障成就了大汉的盛世。

公元25年，东汉建立，建都洛阳。洛阳坐落在关东地区，接近粮食产区，且身处平原，湖泊河流众多，为大规模漕运活动提供了地理上的优势。为使洛阳政治中心的地位得到巩固，东汉政府将以往的漕渠重新整治后，形成了新的水运航线，开凿了从洛阳直通黄河的阳渠，中原和江淮等经济区与洛阳紧密相连，洛阳成为当时最大的漕运中心。

古代漕运制度和体系在秦朝和汉代处于初步形成期，虽然对漕运的管

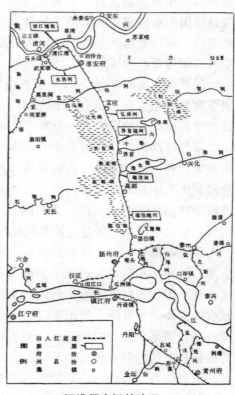

江淮间南河的治理

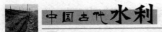
理和经营等方面还处于开创时期，一些制度和设施仍不完备，但是秦、汉两朝对漕运的重视程度却很高，全国范围内的漕运体系已经建立起来了。

漕运体系的发展和完善

东汉灭亡以后，中国出现了继春秋战国之后的又一个长期分裂时期——魏晋南北朝时期。这一时期，政治格局的纷乱使得各个割据势力都建立起了以自己都城为中心的区域性漕运体系，打破了秦汉两代建立起来的全国范围的漕运体系。

例如，魏国为了加强中原与江淮地区之间的联系，在将都城由邺城迁移到洛阳之后，挖掘了广漕渠、千金渠等运河；以建康（今南京）为都城的东吴开凿了横塘，建立起了以都城为中心的南方漕运体系。东晋和南朝时期，继续保留了东吴建立起来的漕运体系。东晋时期漕运运载货物繁盛，经济发展迅速，人口大幅度增加，这使得建康一度成为南方地区有史料记载的第一个人口超过百万的城市。

魏晋南北朝时期漕运的开展虽也颇有成效，但是由于政治格局不稳定，战事频繁发生，所以漕运规模较小。到了隋朝，随着漕运规模的逐渐扩大，古代漕运至此开始进入了一个繁荣时期。

隋朝建都洛阳，在继承和保留原来的漕河运道之后，又开凿了广通渠、永济渠、邗沟和江南河。为确保庞大的漕运体系能够正常运作，隋朝政府以仓储制度为中心，在运河沿岸水流交汇处、京师长安和东都洛阳建立起了供漕粮运转和存储的大仓库，著名的有太仓、黎阳仓、太原仓、洛口仓等。这些大型粮仓中仅一仓所存的粮食就相当于隋朝全年粟米收入的总量。

唐朝定都长安，又建东都洛阳，隋朝的漕运体系和仓储制度被唐保留了下来，并在此基础上又进行了新的改革。秦、汉时期漕粮主要源自关东经济区，到了唐代漕粮供应地逐渐由关东转向了江淮地区，东南地区渐渐成了唐政权的主要赋税来源。开元年间，政府采用了"分段运输法"。该法主张在水深时进行漕运，水浅时则进行仓储，江船不准入河，从而极大地提高了漕运的数量和质量。但自开元、天宝之后，"安史之乱"大大损害了盛世年间建立起的漕运体系。唐朝政府平定叛乱之后，为了迅速恢复漕运体系的畅通，在"分段运输法"的基础上又实行了"转搬法"。"转搬法"结合了各个河段的水势和地形的特点，以先入江、再入汴、后进河、最后入渭水的办法将物资分段运至京师。唐代对漕运方法的改革为后世漕运体系的发展提供了依据，使古代漕运制度第一次实现了系统化。

从秦汉漕运制度的建立，到隋唐漕运制度的繁荣，漕运体系在历史的长河里不断地变化并发展着，直至漕运制度发展到宋朝的时候，我们才可以说漕运体系真正得到了完善。

北宋立国后定都汴京（又称大梁，今河南开封）。为将各地物资源源不断地输入京师，北宋以汴河、黄河、惠民河和广济河作为主要干线。其中，汴河不仅行使了漕运的功能，还有效地将北方政治中心和东南赋税重心联系到一起，从而满足了统治者对经济和政治的双重需求。

继北宋之后，南宋定都临安（今杭州），政治中心和经济重心的重合大大地减轻了漕运的成本。南宋凭借便利的水运条件，建立起了以临安为中心的漕运体系，保证了南宋政权的稳定。

两宋时期，为保证大规模漕运的顺利进行，对漕运制度和漕运体系方面进行了改革。在传输方法上规定：从江淮所漕之粮转运到邻近京师的粮仓，之后再用船运输直抵京师。宋朝的漕运法令严格，不仅规定了漕船的容量，还考虑到漕运时所能遇到的具体问题，不仅对漕船的停靠时间、人员任用尺度、船工管理办法等方面做了规定，甚至对漕粮的干湿程度等问题也制定了相应的准则。此外，为保证漕运畅通，还注意整治河道，及时疏浚；栽榆插柳，以固河堤。

宋代的漕运体系不仅严密，而且效率很高，在保证京师对各地物资需求的同时，还将中国古代漕运体系的发展推向了巅峰。

漕运体系的兴盛

古代中国的经济重心自南宋定都临安起，完全移到了江南地区。元朝以大都（北京）为都城，政治中心和经济重心完全分离。为了使江南的经济重心和北方的政治中心联系在一起，元朝随着京杭大运河以及海运航道的开辟，确定了以大都为中心的漕运体系，为明清两代的漕运格局的最终确立奠定了基础。

元朝建立初期，漕运主要是以河运为主。但是漕运具有因季节性变化的特点，天旱水浅，河道淤塞时漕运运量就会减少，运量不足便难以满足政治

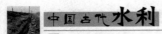
中心地区对物资的需求。元朝政府为平衡京师地区对物资的需求，大力开辟了海上遭运路线。由于海运节省时间和运费，且运载量大，海路成为元朝最主要的漕运路线。为保证海上漕运的顺利进行，元朝还设立了专门的机构和官员来管理海运事务。

1368 年，朱元璋建立了明朝，定都南京。1403 年，明成祖朱棣将京师迁往北京。为了给北方军队提供给养，明朝初期恢复了元朝的海运制度。但是由于航道生疏，再加上恶劣的气候条件，沉船事故经常发生。为减少海运的险阻，明朝将漕运重点主要放在了河运上。永乐年间政府扩建了元朝保留下来的大运河，开凿了山东西部的济宁段运河。大运河的河运从而替代了海运，海运粮道最终被废止。通过大运河每年从南方运到北方的粮食平均约 20 万吨。此外，明朝对漕粮的征集和上交监管严格，整个过程由驻守运河沿线的军队看护，从而保障了漕运的安全。

清朝沿袭了明朝开创的漕运体系，并在此基础上做出了新的调整。清朝对漕运治理的重点主要放在疏浚河道、整顿漕政和加强对漕运体系的管理上面，这使得京杭大运河丧失已久的漕运功能得以全面恢复。雍正、乾隆两朝在河道的疏浚上加强了治理力度，从而确保了漕运长时期畅通。由于漕粮数量很大，清朝在漕运管理制度上也做出了严格的规定。上至总督，下至运卒，总至中央，分至地方，都各司其职，组成了一个权责明确、分工有序的漕运体系，从而谱写了我国古代漕运史上的最后一篇辉煌乐章。

我国古代的漕运，一方面在很大程度上确保了历朝历代经济和政治稳定，另一方面也带来了一定的负面影响。统治者通过漕运将南方的钱财和物资不断运往北方，再加之漕运过程中人力和物力的巨大损耗、贪污腐化严重，漕运所带来的负担全部压在了人民的身上，这必然会激起各种形式的反抗。为了确保漕运的畅通和运河的疏通，国家倾注了巨大的财力、物力和人力修筑运河，漕运的成本奇高，结果导致国敝民疲，怨声载道。古代漕运随着封建王朝的彻底衰落，在经历了历史的变迁之后也走到了尽头。

唐朝的运河工程

唐朝的运河建设，一方面主要是维修、完善隋朝建立的京杭大运河这一大型运河体系；另一方面，为了更好地发挥运河的作用，对旧有的漕运制度作了重要改革。

　　广通渠穿凿于隋文帝时，原是长安的主要粮道。而随着隋炀帝将政治中心由长安东移洛阳后，广通渠失修，逐渐淤废。唐朝定都长安，起初因为国用比较节省，东粮西运的数量不大，渭水尚可勉强承担运粮任务。后来，京师用粮不断增加，严重到了皇帝率领百官、军队东到洛阳就食的地步。于是，在天宝元年（742年）重开广通渠的工程。新水道名叫漕渠，由韦坚主持，在咸阳附近的渭水河床上修建兴成堰。新渠的主要水源是渭水，同时又将源自南山的沣水、泸水也拦入渠中，作为补充水源。漕渠东到潼关西面的永丰仓与渭水会合，长达150多千米。

　　为了将山东粟米漕运入关，还须解决黄河运道中三门砥柱对粮船的威胁问题。这段河道水势湍急，溯河西进，而且暗礁四伏，过往船只触礁失事者几近一半，一船粮食往往要数百人拉纤。陕郡太守李齐为了避开这段艰险的航道，在与重开长安、渭口间的漕渠的同时，组织力量，在三门山北侧的岩石上施工，准备凿出一条新的航道，以取代旧航道。经过一年左右的努力，虽然凿出了一条名叫开元新河的水道，但因当地石质坚硬，河床的深度没有凿够，只能在黄河大水时可以通航，平时不起作用，三门险道问题远未解决。

　　通济渠和永济渠是隋朝兴建的两条最重要的航道，唐朝为了发挥这两条运河的作用对它们也作了一些改造和扩充。隋朝的通济渠，唐朝称汴河。唐在汴州（今开封市）东面凿了一条水道，名叫湛渠，接通了另一水道白马沟。而白马沟下通济水，这样，便将济水纳入汴河系统，使齐、鲁一带大部分郡县可循汴水西运。唐政府对永济渠的改造主要分为两个方面：一方面是扩展运输量较大的南段，将渠道加宽到17米，浚深8米，使航道更为通畅；另一方面是在永济渠两侧凿了一批新支渠，如清河郡的张甲河、沧州的无棣河等，以深入粮区，充分发挥永济渠的作用。

　　唐朝后期，为了发挥大运河的主要作用——运输各地粮

通济渠

物进京，对漕运制度作了一次重大改革。唐朝前期，南方租调由当地富户负责，沿江水、运河直送洛口，然后政府再由洛口转输入京。这种漕运制度，由于富户多方设法逃避，沿途又无必要的保护，再加上每一舟船很难适应江、汴（泛指运河）河的不同水情，因此问题很多。如运期长，事故多，损耗大，每年有大批舟船沉没，粮食损失高达20%左右，等等。安史之乱后，这些问题更为突出。于是，广德元年（763年）开始，刘晏对漕运制度进行改革，用分段运输代替直运，规定：江船不入汴，江船之运积扬州；汴船不入河，汴船之运积河阴（郑州市西北）；河船不入渭，河船之运积渭口；渭船之运入太仓。承运工作也雇专人承担，并组织起来，沿途派兵护送等。分段运送，使效率大大提高，自扬州至长安40天可达，损耗也大幅度下降。

大运河除漕运租、调外，还大大促进了沿线许多商业城市的繁荣。如扬楚运河（即隋朝的山阳渎）南端的扬州和北端的楚州（治所在山阳县，今为淮安市）；汴河上的汴州（今开封市）和宋州（今商丘市）；永济渠上的涿郡；等等。扬州因为位于扬楚运河与长江的会合处，南来北往的公私舟船都要经过这里，是南北商人的集中地，南北百货的集散处。它"十里长街井市连"，在全国州一级的城市中，位列第一，超过成都和广州，人称"扬一益二"。汴州位于汴河北段，经过济水，东通齐鲁；经永济渠，北联幽冀；经黄河，可达秦晋，迅速发展成为黄河中下游的大都会。因为它是一个水运方便的繁华城市，后来，梁、晋、汉、周、北宋五代都建都于此。

宋朝运河新体系

梁、晋、汉、周、北宋都定都汴州，称汴京。北宋历时较长，为进一步密切京师与全国各地的经济、政治联系，修建了一批辐射四方的运河，新的运河体系便应运而生。它以汴河为骨干，包括广济河、金水河、惠民河，合称汴京四渠。通过四渠，向南沟通了淮水、长江、江南河等，向北沟通了济水、黄河、卫河（其前身为永济渠，但南端已东移至卫州境内）。

五代时，北方政局动荡，朝代更换频繁，在短短的53年中，历经后梁、后唐、后晋、后汉、后周五个朝代，对农业生产影响很大。而南方政局比较稳定，农业生产得到了持续发展。政府在北宋时对南粮的依赖程度进一步提高。汴河是北宋南粮北运的最主要水道，汴京每年调入的粮食高达72000斤左右，其中大部分是取道汴河的南粮，因此，北宋政府特别重视这条水道的维修和治理。宋太宗在淳化二年（991年）汴河决口时强调说："东京（宋以汴京为东京，洛阳为西京）养甲兵数十万，居民百万家，天下转漕，仰给在此一渠水，朕安得不顾？"他率领百官，一起参加堵口。

惠民河

　　不过，北宋为了这条运道的畅通所付出的代价也是十分巨大的。汴河以黄河水为水源，河水多沙，经几百年的沉积，河床已经高出地面，极易溃堤成灾。北宋政府由于深知汴水无情，治汴工程丝毫不敢放松，组建了一支专业维修队伍，负责平时汴河的维修和养护。汴河大汛，则立即出动禁军防汛；大修时，发动沿河百姓参加。为了巩固堤防和利用汴水冲刷河中积沙，又在汴河两岸打下了300千米木柱排桩，将汴河束窄到可以冲沙的地步，开了后来"束水攻沙"的先河。

　　惠民河是经北宋初年多次动工修建的一条运河，分为上下两段。上段以蔡河支流潩水（浍河）为水源，开渠将它引向京师；下段自汴京南下，改造蔡河干流而成。淮水流域的大部分税粮，可从此河调入京师。广济河因河宽5米左右，又称五丈河，下接白马沟和济水，可通齐鲁之运，也可分泄汴河的洪水。因广济河在漕运中占有非常重要的地位，所以在北宋时对它进行了多次的治理。金水河是北宋初年新凿的一条河道，以郑州、荥阳间的几条小水如京水、索水、须水等为水源，凿渠向东到汴京。金水河除了给广济河补充水源外，还为京师提供较为清澈的生活用水。

　　北宋除汴京四渠外，为了改善漕运，又分别在江淮和江汉间进行了运河的修建。

　　扬楚运河是"汴渠之首"，它南接江南运河，与汴渠一起构成了北宋政府的主要粮道，即江南运河将主要产粮区太湖流域的税粮运出，然后经扬楚运河、汴渠入京。江南运河的航道基本上良好，无须大修。但扬楚运河及其与汴渠之间的航道，则需要作较大的改进。因为汴渠与扬楚运河并不直接相通，由扬入汴，舟船还要走一段较长的淮河河道，而这段河道滩多水急，常常损坏漕舟。为了改变这种情况，北宋前期先后进行了三次施工，从楚州北面的末口（今淮安境内），到盱眙东北的龟山镇，凿了长约75千米的运河，避开了这段险滩。扬楚运河的突出问题是水枯河浅，不便于大船通航；水道西部的洪水威胁也很严重，经常冲断航道。为了解决这些问题，在高邮湖北筑了一条长达100千米的石堤以保护航道，并在堤上设置10座石闸，进行有控制的排水。在真州（治所在今江苏仪征县）、扬州等地，利用当地自然湖泊，改造成为运河的水柜，以接济运河用水。

北宋的主要产粮区除太湖流域外，四川和两湖的农业生产也占有一定地位。如何调运这些地区的税粮入京，也是北宋统治者需要解决的问题。经过酝酿，决定穿凿第二条江淮运河。按照计划，这条水道西起江陵，凿渠向东，经潜江境与汉水会合。白河与淮水支流澧水很近，如果在这两水间再凿一条运河，江船便可循淮水另一支流蔡河直达汴京城下了。这一工程只完成了江陵—汉水之间的渠道，使江、汉之间的水运"大为利便"。然而，由于白、澧之间地势稍高，虽经过两次施工，也只能做到通水不能通船而功亏一篑。

🐚 元朝时期的运河开凿

在元、明、清三朝，随着在北京的建都，政治中心也从南方移到了北方，但经济重心却还在南方。

太湖流域是元、明、清三代全国经济、文化最发达的地区。自宋朝起，我国最重要的产粮区便在太湖流域，有"苏湖熟，天下足"的说法。

元朝初年，曾一度依靠海运联系南北，但安全是个严重问题，船毁人亡是常事。

当时，联系南北的水路，还有一条是将江南的粮食装船，沿江南运河、淮扬运河（扬楚运河）、黄河、御河（卫河，相当于永济渠中段）、白河抵达通州。但其问题较多，黄河为西东走向，北上粮船须向西绕到河南封丘，航程很远；而从封丘到御河，还有100多千米，无水道可用，必须车运，道路泥泞时，车行极为困难。这样，如果重复唐宋的老路来连接南北，则过于迂回曲折。

维护政治安定和经济发展的关键问题是南北之间的交通联系。元朝统治者迫切需要有一条又直又安全的水道，从江南直达大都。

实现这一愿望的关键问题是山东地区能否开凿运河。只要在这里凿出一条渠道，南北直运问题便可迎刃而解了。

于是，开凿北京直达杭州的大运河就成为当务之急了。

在科学家郭守敬的主持下，一些熟悉水利的官员进行了大范围的以海平面为基准的地形测量，论证了海河水系的卫河、黄河下游、淮河、泗水沟通的可能性，最后，证实跨越山东的京杭大运河的方案是可行的。

得出肯定的答案后，忽必烈下令，从至元十三年（1276 年）开始，征发大批民工，开凿京杭大运河的关键河段——今山东济宁至东平的一段，然后又向北延伸，与海河水系的卫河相通。至元二十八年（1291 年）到元三十年（1293 年），三年间，在郭守敬的主持下，开通了今北京至通县的一段。至此，大运河南接江淮运河，航船可以跨越海河、黄河、淮河、长江和钱塘江五大水系，由杭州直抵北京，并在此后 500 年的时间里成为我国南北交通的大动脉。京杭大运河始建于元朝，完善于明朝，到清朝时仍是南北交通最重要的干线。它北起全国政治中心大都（今北京市），南到太湖流域的杭州。这条长达 1800 千米的运河成为世界上最长的一条人工运河，是世界水利史上的一项杰作。

今北京一带在隋朝时原本有一条永济渠。但永济渠的北段主要由桑干水改到而成，而桑干水的河道摆动频繁，史称无定河。唐朝时，由于桑干水改道，永济渠已经通不到涿郡（今北京）了。金朝时，中都（今北京市）有一条名叫"闸河"的人工河道，金朝后期，迫于蒙古大军的威胁，迁都洛阳，闸河便逐渐淤塞了。

元朝初年，为了解决大都至通州间的粮运问题，至元十六年（1279 年），郭守敬在旧水道的基础上，拓建了一条重要的运粮渠道，叫阜通河。

阜通河的主要水源为玉泉山水，向东引入大都，注于城内积水潭；再从积水潭北侧导出，向东从光熙门南面出城，连接通州境内的温榆河，温榆河下通白河（北运河）。

由于玉泉山水的水量太少，必须严防泄水；运河河道比降太大，沿河必须设闸调整，于是，郭守敬便在 20 多千米长的运河沿线建了 7 座水坝，人称"阜通七坝"，民间称这条运河为"坝河"。在元朝，坝河的年运输能力约为

12000 万斤，它与稍后修建的通惠河共同承担由通州运粮进京的任务。

元朝初年，还凿了三条名叫金口河的运道。金口河开凿于金朝，后来堵塞了，在郭守敬主持下，于至元三年（1266 年）重新开凿。它以桑干水为水源，从麻峪村（在今石景山区）附近引水东流，经大都城南面，到通州东南的李二村与潞河汇合。从营建大都的需要出发，开凿了这条以输送西山木石等建筑材料为主的水道。

当初，元朝实行海运、河运并举。由于海运船小道远，运量不大；而河运又有黄河、御河间一段陆运的限制，运量也很少。两路运到通州的粮食总计 100 多万斤，所以由通州转运入京的任务，坝河基本上可以承担。

后来，随着海运技术不断改进，采用了可装 120 万斤粮食的巨舶运粮，还摸索出比较直的安全海道，再加上济州、惠通两河的开凿，运到通州的漕粮大量增加，仅靠坝河转运已经远远不够用了。于是，郭守敬主持开凿了第二条水运粮道——通惠河。

至元二十九年（1292 年），新河工程正式开工。郭守敬通过实地勘察，将大都西北山麓一带山溪和泉水汇集起来，基本解决了新河的水源问题。通惠河从昌平县白浮村开始沿山麓和地势向南穿渠，大致与今天的京密水渠并行，沿途拦截神山泉（白浮泉）、双塔河、榆河、一亩泉、玉泉等水，汇集于瓮山泊（今颐和园昆明湖）。瓮山泊以下，利用玉河（南长河）河道，从和义门（今西直门）北面入城，注于积水潭中。新河的集水和引水渠道便是上述两段水道，瓮山泊和积水潭是新河的水柜，为新河提供了比较稳定的水量。积水潭以下为新运河的航道，从潭东曲折斜行到皇城东北角，再折而向南沿皇城根直出南城，沿金代的闸河故道向东，到高丽庄（通县张家湾西北）附近与白河汇合。从大都到通县一段，因河床比降太大，为了防止河水流失，特地修建了 11 组复闸，共有坝闸 24 座。这些坝闸，开始时都是用木料制作的，后来都改成了砖石结构。

由引水段和航运段组成的这条新运河长 160 多千米。主体工程经过一年多的施工建成后，忽必烈赐名"通惠河"。通惠河建成通航后，大都的粮运问题终于得到解决。积水潭也成为大都城内的重要港口，舳舻蔽水，帆樯如林，盛况空前。

明清时期的运河开凿

明朝时，对大运河的关键河段会通河进行了治理。当初，会通河仅指临清至须城（东平）间的一段运道。明朝时，将临清会通镇以南到徐州茶城（或夏镇）以北的一段运河都称作会通河。会通河是南北大运河的关键河段。

明洪武二十四年（1391年），黄河在原武（今河南原阳西北）决口洪水挟带泥沙北上，会通河1/3的河段被毁，大运河中断，不能运粮北上进京了。

永乐元年（1403年），朱元璋四子朱棣定都北平，易名为北京。鉴于海难频发，海运安全毫无保证，为解决迁都后的北京用粮问题，决定重新打通会通河。

永乐九年（1411年），命工部尚书宋礼负责施工，征发山东、徐州、应天（今南京）、镇江等地30万民夫改进分水枢纽，疏浚航道，整修坝闸，增建水柜。

元朝的济州河以山东省的汶水和泗水为水源，先将两水引到任城，然后进行南北分流。由于任城不是济州河的最高点，因此，用任城分水时，南流的水偏多，北流的水偏少，以致济州河北段河道浅狭，只能通小舟，不能通大船。宋礼治理运河时，采纳熟悉当地水文的汶上老人白英的建议，虽维持原来的分水工程，但在戴村附近的汶水河床上筑了一条新坝，将汶水余水拦引到南旺，注入济州河。这样，济州河北段随着水量的增多，通航能力也就大幅度地提高了。几十年后，人们将较为丰富的汶水全部引到南旺分流，并建了南北两坝闸，以便更有效地控制水量。大体上说为三七开，三分南流汇合泗水，七分北流注入御河。人们戏谑地称之为"七分朝天子，三分下江南"。接着，将被黄河洪水冲毁的一段运道改地重新开凿，新道改从安山湖东面北注卫河。这样，黄河泛滥时，有湖泊容纳洪水，可以提高运河水道的安全保障。另外，这里的地势西高东低，便于引湖水补充运河水量。

宋礼为了让载重量稍大的粮船

会通河开河记

也可以顺利通过，加宽并浚深了会通河的其他河道：拓宽到 32 米，挖深到 13 米。

会通河南北的比降都很大。南旺湖北至临清 150 千米，地降 90 米；南至镇口（徐州对岸）145 千米，地降 116 米。元朝为了克服河道比降过大给航运造成的困难，曾在河道上建成 31 座坝闸。这次明朝除修复元朝的旧坝闸外，又建成 7 座新坝闸，使坝闸的配置更为完善，进一步改进了通航条件。由于会通河上坝闸林立，因此，明人又称这段运粮河为"闸漕"。

除上述工程外，宋礼等人为了更好地调剂会通河的水量，"又于汶上、东平、济宁、沛县并湖地"，设置了新的水柜。

经过明朝初年的全面治理，会通河的通航能力大大提高，年平均运粮至京的数量，由以前的几十万斤，猛增到几百万斤。这也大大加强了永乐皇帝迁都北京的决心，不久，他宣布停止取道海上运输，改由河运使南粮北上京城。

在南宋初年，为了阻止金兵南下，杜充命令宋军掘开了黄河大堤，从此，黄河下游南迁，循泗水、淮河的水道入海，于是，在元、明两代，南北大运河从徐州茶城到淮安一段，便利用淮河水道作为运粮之道了，人们称这段长约 250 千米的大运河为"河运合槽"或"河淮运合槽"。由于黄、淮水量丰富，所以运道无缺水之患。但黄河多泥沙，汛期又多洪灾，这也严重威胁着航运。黄河对于运河既有大利，也有大害，因此人们说"利运道者莫大于黄河，害运道者亦莫大于黄河"。

元、明两朝，黄河下游南迁日久，河床淤积的泥沙与日俱增，经常决口，对于运河已经发展到害大于利的地步了。于是，从明朝中后期到清初，在淮北地区开凿了一批运河新道。

嘉靖五年（1526 年），黄河在鲁西曹县、单县等地决口，冲毁了昭阳湖以西一段运河。南北漕运被阻，明廷决定开凿新河，并于嘉靖四十六年（1567 年）完工。这段新河，北起南阳湖南面的南阳镇，经夏镇（今微山县治所）到留城，长 70 千米，史称夏镇新河或南阳新河。新河在湖东，有湖泊可容纳黄河溢水，比较安全。

明穆宗隆庆三年（1569 年），黄河在沛县决口，徐州以北运道被堵，2000 多艘北上的粮船被阻于邳州（治所在今睢宁西北）。几十年后，黄河在山东西南和江苏西北一带再度决口。于是，在明廷主管工程的官员杨一魁、刘东星、李化龙等人相继主持下，除治理黄河外，又于微山湖的东面和东南面开凿新河，于万历三十二年（1604年）全部完工。它北起夏镇，接夏镇新河，沿途纳彭河、东西泇河等水，南到直河口（江苏宿迁西北）入黄河，全长130千米。新河比旧河顺直，又无徐州、吕梁二洪之险；又由于位于微山湖东南，黄河洪水的威胁较小，所以进一步改善了南北水运。因为这条新河以东、西两泇河为主要水源，所以被称为泇河运河。

在明末清初，又开凿了通济新河和中河。泇河运河竣工后，由于从直河口到清江浦（今清江市）一段运道约长90千米，仍然河运合槽，运河并未彻底摆脱黄河洪水和泥沙的威胁。明朝天启三年（1623年），开凿通济新河，西北起至河口附近接泇河运河，东南至宿迁，长28.5千米。中河是清朝初年在著名治河专家靳辅、陈潢指挥下修建的，于康熙二十五年（1686年）动工，两年后基本凿成。它上接通济新河，下到杨庄（在清江市）。杨庄与南河北口隔河相望，舟船穿过黄河，便可进入南河。至此，河运分离工程全部完成。

河运分离工程是明朝后期到清朝前期治理运河的主要工程之一，它的完工，标志着淮北地区的运河基本上摆脱了黄河的干扰，保证了运河的正常航行。

 知识链接

共工振荡洪水

《淮南子·本经训》是这样记述共工振荡洪水的神话的："舜之时，共工振荡洪水，以薄空桑。龙门未开，吕梁未发，江淮通流，四海溟，民皆上丘陵，赴树木。"大雨滂沱，经久不息，洪水滔滔，浊浪翻滚，饱受洪水灾难的先民已认识到洪水的产生是"龙门未开""吕梁未发"，但因巨大的恐惧心理而产生神秘的想象，认为滔天的洪水是水神共工"振荡"所致。神话反映了上古时期洪水自然灾害的严重性，是初民对洪水巨大破坏力加以神化、人神化的产物。另外，共工振荡洪水的神话还包括相柳的神话。

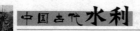
相柳，又叫相繇，是共工的臣子，也是洪水泛滥的祸根。《山海经·海外北经》说："共工之臣，曰相柳氏，九首，以食于九山。相柳之所抵，厥为泽溪。禹杀相柳，其血腥，不可以树五谷。禹厥之，三仞三沮，乃以为众帝之台，在昆仑之北，柔利东。相柳者，九首，人面，蛇身而青。"相柳与共工一样，充满蛇的特征，且比共工更接近自然水神，所以它发动洪水更为直接，走到哪里，就把洪水带到哪里。相柳作为共工之臣，是共工发动洪水的工具。共工发动洪水，除了振荡以外，还通过相柳来实施。因此，要从根本上消除洪水的危害，不但要杀掉共工，还要除掉共工赖以发动洪水的帮凶，所以大禹又杀掉了助纣为虐的相柳。

第二节
漕运干线——大运河

在世界上开凿最早、最长的一条人工河道便是举世闻名的京杭大运河。2500多年前，吴王夫差下令开凿了一条人工运河——邗沟，这也使得这条运河成为"为后世开万世之利"的大运河的奠基石。

大运河的开凿孕育于春秋时期，贯通于隋朝，繁荣于唐宋两代，完善于元代，重整于明清，主要经历了三次较大的历史变迁。

春秋末期，统治长江下游一带的吴王夫差为了争取中原霸主的地位，下令开凿了邗沟。它经扬州向东北延伸，终到淮安入淮河，全长170千米，成为大运河最早修建的一段，为之后隋朝大运河的贯通奠定了基础。

隋朝统一全国后，隋炀帝于605年下令开凿了从洛阳经山东最终到达涿郡的永济渠。之后，隋炀帝又下令开凿了通济渠。610年，隋朝征集大量劳工对邗沟进行了改造。与此同时，江苏镇江至浙江杭州的江南运河也在隋炀帝的下令下开凿了，至此大运河全线贯通。

13世纪末元朝定都北京后，先后花费了10年时间开挖了"洛州河"和"会通河"，以杭州为终点，将天津至江苏清江之间的天然河道和湖泊连接起来。在北京与天津之间，元王朝又下令重新修治通惠河，从而最终形成了京杭大运河。

大运河以北京为起点，流经北京、河北、天津、山东、江苏、浙江六个省市，最终抵达杭州。京杭大运河沟通了我国主要的五大水系——海河、黄河、淮河、长江、钱塘江，是世界上最长的古代运河。大运河充当中国漕运的重要通道历时1200多年，在沟通南北之间经济文化、发展南北交通等方面的联系做出了巨大的贡献。

大运河的开凿与贯通

春秋战国时期，政局混乱，一些诸侯国为适应诸侯争霸的需求，保证战争兵员和粮草供应，纷纷开凿了运河，其中就包括京杭大运河的前身——邗沟。

邗沟地处太湖流域，这里河道纵横，大大小小的湖泊星罗棋布，当地居民精通造船与航行之术，自然条件和人文条件的便利为邗沟的开凿提供了条件。公元前486年，逐渐强盛的吴国为击败其他诸侯国，称霸中原，吴王夫差下令在长江与淮河之间开凿了一条运河，全长约160千米，史称"邗沟"。两年以后，吴军打败了齐国，吴王夫差又下令开凿了"菏水"（因水源来自山东菏泽而得名）。该运河使得吴国的军队可以从长江进入淮河，再由

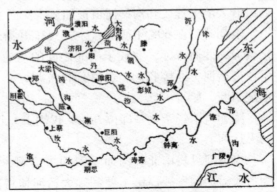

邗沟、鸿沟经行示意图

淮河辗转进入黄河，从而连接了长江和黄河两大水系。

秦始皇统一中国以后，下令开凿了从镇江到丹阳的运河——曲阿（又名丹徒水道），从而加强了对南方的控制。此外，秦始皇为进一步巩固对南方经济发达地区的统治，还整治了杭州通往苏州的水道。

魏晋南北朝时期，频繁的战争破坏了原来的漕运系统。为了能够在群雄争霸中立于不败之地，曹操修治了通往官渡（今河南中牟东北）的睢阳渠（位于今河南省商丘市南）。四年以后，曹操又下令开凿了多条沟渠，其中白沟、平虏渠和泉州渠的一部分为之后隋朝永济渠的开挖奠定了基础。

隋朝是历史上存在最短的王朝之一，但大运河却在隋朝存在的短短37年里，实现了全线的贯通。

隋朝建立之初曾建都长安（今西安市），但是由于人多地少，粮食供不应求，物资十分匮乏，而此时的江南却是鱼粮富饶之地。为将南方的粮食与物资运到物资缺乏的都城，隋文帝下令开凿了连接黄河和关东地区的广通渠，还将已经淤堵的邗沟重新疏通。有了漕运的支持，隋朝的经济迅速得到了恢复和发展。漕渠的开通与疏通，再加上良好的经济条件为大运河的全线贯通奠定了坚实的基础。

605年，隋炀帝即位，将都城由长安迁至东都洛阳，开始了以洛阳为中心开凿大运河的浩大工程。隋炀帝首先下令开凿了通济渠。东段引黄河入汴梁，再至开封入淮河，最后由淮河入邗沟北端。通济渠的开凿为当时的洛阳带来了空前的繁荣。同时隋炀帝又动用了大量的人力和物力第三次开凿了邗沟，通过浩大的工程，邗沟的河道被加宽，从而方便了大型船只的往来。

隋朝政府在608年征集百余万民工开凿了长达500多千米的永济渠，南接黄河，北通涿郡，完成了南北之间的沟通。时隔两年，隋炀帝又下令开凿了江南运河，北接邗沟，最终到达杭州，全长400多千米，宽十余丈，终年水流不断，船行不息。

隋朝自隋炀帝登基即位开始，仅用了6年的时间就贯通了长达2500千米的大运河。

大运河纵贯南北，沟通了海河、黄河、淮河、长江和钱塘江五大水系，为古代漕运的发展提供了便利。大运河使得南北之间的交通更为便利，使得经济与文化的交流更为频繁，从而推动了历史的进步。

京杭大运河的形成

隋灭亡后，唐高祖李渊建立了唐王朝。唐朝与古代的其他政权一样，也十分重视漕运的发展。由于开凿时间较短，隋朝虽实现了大运河的贯通，但有些河道船运并不顺畅，因此，唐宋两朝又对大运河进行了日益完善的整治。

隋炀帝修建的大运河，由于完工较为仓促，致使有些河段使用了天然河道，险滩暗礁重重，经常造成船翻人亡的事故。尤其是从洛阳到长安之间的黄河水路，河水激流滚滚，沉船事件经常发生，长安城的物资供给因此也常常得不到保障。最初，唐朝采用水陆两运的方法，但是这种办法既耗时又费力，长安的粮食和物资仍难以得到保障。742年，唐玄宗李隆基下令修复了汉代所建的关中漕渠，至此解决了漕船难抵长安的问题，从而保障了物资的充裕。

通济渠和邗沟由于分别以黄河和长江之水为水源，泥沙淤积十分严重，为确保这两个河段的通畅，唐宋两朝经常对这两个河段进行大规模的疏浚。但疏浚之法"治标不治本"，因此，为确保通济渠水流的顺畅，宋朝时期修建了一条新运河，引洛水入通济渠，并同时阻断黄河水源，通济渠得以四季通畅。在解决邗沟淤堵的问题上，宋代开挖了伊娄河，将入江口直接通江，从而确保了漕船的运行。此外，唐宋政府对江南运河和永济渠也进行了相应的整治，修堤护渠，修新渠引新水源入渠，从而确保了漕粮的运输。

13世纪，忽必烈入主中原，建立了元代，定都大都（今北京），漕运的路线随着政治中心的北移也发生了变化。

在元朝初年，为了保障政治中心对粮食等物资的需求，漕运航线主要在海上。但是由于气候的变化和海上的风浪的威胁，沉船无数，大量的人力和物资被白白浪费了。就此，元政府决定河漕、海漕并用，将大运河东移改线。

至元十八年（1281年），元世祖下令修凿济州河。济州河全长75千米，起于济州（今山东济宁市），终汇于大清河。而为补充济州河的水源，元朝修堤筑堰，这样便提高了济州河河源泗水的水位，保障了漕运的畅通。

1289年，元朝又下令向北开凿了会通河。会通河全长125千米，在临清与御河（卫河）相接，经直沽（今天津）接白河到达通州，漕船由此便可以由江南直抵通州。

元至元二十八年（1291 年），朝廷下令开凿了京杭大运河最后一段直达北京的通道，即通惠河。通惠河全长 82 千米，将元大都与通州连接到了一起。京杭大运河至此全线贯通。

元代的河漕虽然由于地势和气候等自然条件的影响经常被阻断，而不得不以海运为主要漕运手段，但是元代将京杭大运河彻底贯通的做法无疑是功不可没的。京杭大运河的形成不仅为明清漕运的发展奠定了基础，对后世的影响也一直延续至今。

京杭大运河的整治与完善

明清两代，漕运方式主要是通过河道漕运粮食。为使漕运的水路更为通畅，明朝和清朝的统治者耗费了大量的人力、物力和财力对京杭大运河进行整治，从而完善了京杭大运河漕运物资的功能。

明朝初建，朱元璋定都应天（今南京）；时隔不久，燕王朱棣登基，迁都北京；清朝与明朝一样同样定都北京，北方所需的经济物资都是通过京杭大运河漕运而来。

元朝虽然完成了大运河的最终贯通，但是，会通河段由于地处丘陵地区，水源不足，往往使漕船通行艰难。黄河洪涝的时候洪灾泛滥，干旱的时候又淤堵河道，运河在这两方面的影响下经常不能正常完成漕运的使命。为此，明清两代对会通河和受黄河影响的河段进行了多次的整治。

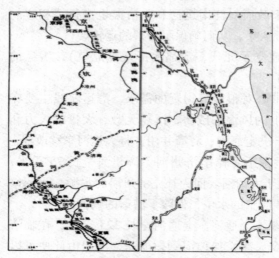

明清京杭大运河形势图

元朝的时候，为了缓解会通河水量不足的问题，对会通河进行了疏浚。但是由于地势的问题，水源难以进入会通河。明代调整了元代时会通河的分水点，截汶水于地势较高处，再开新渠引水入济州河。为调节水量，明朝还在运河交汇处的上下游各建造一道水闸。明代还经常将汶水与泗水上中游各府县境内的泉水经沟渠引入汶水与泗水当中，以解决汶水和泗水的水量不稳定的问题。此外，明代还筑堤修库，修建闸门，进而确保水量的充足。明朝经过这一系列的治理基本上解决了会通河的水量问题，京杭大运河全线通航。

明政府解决了会通河水量问题之后，又集中全力治理黄河，主要是济宁至徐州的泗水河段。当时，该河段的东部形成了几个较大的湖泊，明朝便借着这些湖泊作为天然的屏障，将济宁至徐州之间的运河东移，从而避开了黄河的干扰。

清代对大运河整治的重点主要放在运河与黄河、淮河交汇地区。随着黄河水的泛滥，而天然的河道又交汇纵横，湖泊较多，这一地区的水系就变得十分复杂，对当地危害巨大。为了彻底解决黄河泛滥所造成的危害，康熙年间对黄河、淮河和运河之间同时进行了为期六年的治理。此后，康熙帝又下令开通了皂河和中河（从直河口至清河县），从根本上保证了京杭大运河漕运的畅通。从此漕船往来如织，穿梭于北京与江南之间，从而使清朝出现了历史上的一大盛世景象——康乾盛世。

京杭大运河的管理

运河在春秋战国时期仅仅是各诸侯国军事策略的一部分，并没有真正受到当权者的重视，所以更谈不上什么管理。但是随着漕运在国家经济中所起的作用越来越大，运河和漕运逐渐成为各封建王朝的生命线。由于京杭大运河在漕运中占据了最重要的位置，因此，历代王朝都非常重视对大运河的使用和管理。为了确保漕粮运道的通畅，历代都设立了专门的漕运管理机构。

秦朝的时候虽然没有设立专门的管理机构，但也设有治理内史监治漕运。汉朝与秦朝一样，只是设有大司农监管漕运。隋炀帝时期，我国最早的运输管理部门"舟楫署"被命主管漕运。到了唐朝初期，设立了水路运使来专门管理漕运；后期，为了加强对漕运的管理力度，唐朝的宰相也兼任运使之职。

宋代设都转运使负责漕运，又设副使辅助处理具体事宜。元朝时期，漕、运分开，设都水监管理全国水政，各运河还设分监掌管各地的漕运事务；在漕运管理方面由漕运使总管漕政，各河段还驻有军队防守。明朝时期，运河的管理已具有流域管理的性质，各河段设有总漕、总兵等管理漕运。

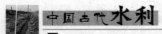
　　到了清朝，漕运管理体制还是基本沿袭明朝，只是分配得更加精细，按照级别分为河、道、厅、营等。清代总漕最初驻在通州，后改驻淮安。明清两代的河道管理部门雇用了大量的工人，明朝前期工人数目近5万人，一部分人负责修浚河道，一部分人负责保障漕船运行顺畅，权责明确，各司其责。由于服役人数众多，名目复杂，机构过于庞大，清朝对这一现象进行了整顿。在康熙帝在位时期设立了河兵营，以士兵代替民夫。到了清朝中期的时候，具有了比较明确的服役人员数目和河兵数目，但总额已不及明朝的1/4。

　　各个管理机构在京杭大运河的管理方面对河道和航运加强了管理，这些管理无疑对漕运的顺利进行起到了至关重要的作用。

　　河道的管理包括水源管理、河道疏浚、堤防维护和闸坝管理等，这些方面的管理都直接关系到运河功能的发挥。首先，水源对运河运输的畅通至关重要，历朝历代为控制水量，防止河水流失，都十分重视对水闸的修建。同时，在各个时期都颁布了不同的法律来约束人们对水资源的使用，而且在一些重要的湖泊河流设立疆界。其次，在运河的疏浚和堤防维护方面，各个时期都有不同的政策。北宋的时候，每年维修一次。到了明清的时候，堤防的维护已经具体化为定期维修和常规维修两方面，实行准军事化的管理，沿河军卫各司其责。最后，为了控制水位和蓄水量，京杭大运河上建有许多闸坝，这些闸坝在维持运河正常漕运方面起着决定性的作用，对此还制定了一系列严格的启闭和维修制度。

　　航运在不同的时期还有不同的管理规定。在秦朝的时候，漕运刚刚形成，主要是为战争服务。到了唐代，随着封建统治者认识到漕运的重要性之后，漕运逐渐发展成为封建王朝的生命线，不断加强对漕运的管理，并制定了以"纲"为单位的运输配备。宋朝基本上沿用了唐代的政策，只是在当时发现的一些问题上做了新的规定，比如：可以吃船上的粮食，以减少运输时间；不准携带私人物资等。明清的时候开始对漕运的船只进行核定管理，漕船的数目和运粮官兵的数目是固定匹配的，且各时期有不同的变动，这使漕运无论在距离上还是运量上都变得更加灵活。

　　随着清王朝的逐渐衰败漕运也寿终正寝，但是在漕运实行的1000多年时间里，它对于社会经济和文化的发展与进步来说却是功不可没的。

第四章

古代城市与边疆水利

　　很早我们的祖先就已经对城市水利有了比较深刻的认识。城市民居鳞次栉比,人口密集,不但日常饮用需要清洁充足的水源,防火抗洪、交通运输等亦都与水有关。此外,河流、池沼、湖泊还可用来点缀和美化城市,供人游憩,或作近城农田灌溉和水产养殖之用,从而形成了许多发达的水利城市。另外,广大的边疆地区,水利建设也自古有之,从未停止。

第一节
城市水利史

城市人口密集，不但需要清洁充足的水源作为日常饮用，防火抗洪、交通运输等也都与水有关。此外，河流、池沼、湖泊还可用来点缀和美化城市，供人游憩，或作近城农田灌溉和水产养殖之用。有关古代城市水利的研究是近年来才开始被重视而发展起来的。

古代城市水利概述

很早以来，古代人们已注意到水和城市的关系。古代有个词叫作"市井"。"市井"指的是做买卖的地方，有时也泛指商人。商人做生意，要选择人们聚集的地方，井边正是人们来往之处，所以又有"因井为市"的说法。这两个字，把最早的集市与供水有机地联系到一起了。《管子》一书中就详细地阐述了选择国都时必须注意的地理条件，其核心要点便与水有关。书中说："凡立国都，不是在大山之下，就是在平川之上，切忌建于高坡地带。因为地势高了，取水必定困难；也不能建在低洼处所，那就要奔命于挖沟防涝。"此外，书中还谈了引水、排水等问题。应该说，通过《管子》中论述的原则，我们可以看出我们的祖先很早已对城市水利有了比较深刻的认识。

从中国古代城市的选址和设计来看，除了边防重镇更多地需要考虑军事守备外，一般城市都不同程度地要触及水利条件的问题。以秦汉以来历代都城为例，从秦都咸阳、西汉都城长安起，直到后来的洛阳、建康（南京）、东京（开封）、临安（杭州）、北京等，在确定为国都前，最优先考虑的就是是否有足够的水源。因为一旦建都，各色人员便会迅速聚集起来，没有充足的水供应，那是不可想象的。当然，这其中最主要的是日常饮用水。西汉都城长安先是仰赖渭水支流滈水来供应城市用水，武帝以后，西汉进入极盛时期，长安人口急剧增加，只靠滈水已很难满足要求了。于是，西汉政府在元狩三年（公元前120年），征发劳力于城西南开凿了一个周长20千米的昆明池，引沈水为源，平时积蓄供使用，雨季还可防洪排涝。昆明池实际上就是长安市民的蓄水库。

在东晋及南朝的宋、齐、梁、陈时期都把都城建在了建康。建康俯视长江，又有秦淮、玄武（当时叫后湖）等河湖，加上南方雨量充沛，在水源上可不用像北方那样发愁。但地要构建成一个完整的供水网络，在设计中也还是要花费一番工夫的。东晋自建都后，一方面利用孙吴时期所奠定的基础，同时又大加修整，以后湖和秦淮河作为基点，开凿运河，引水入城，保证了城内居民的用水需求。

北宋都城东京紧靠黄河，泥沙量也很大，不适于居民饮用。为此，北宋政府将发源于荥阳的金水河专门导引入城。为躲避汴水泥沙的污染，在其两水交接处，设置了渡漕引流。

都城为四方之所聚，除皇室、百官、卫戍军兵外，还有大小商人、技艺工匠、僧侣道士，以及各色供役服务人员，来来往往的官民人等也很多。这样，确保交通通畅，使外地粮食和各种物资源源运入京，也是城市得以生存发展的一个重要条件。西汉立国之初，张良主张定都长安，其中一方面是因为长安地处关中，有黄河、渭河水以供京师；外地诸侯有不轨行动，又可循渭河顺流而下，迅速加以平定。水上交通在张良看来十分重要。从西汉以来，许多建都于北方的朝代，常常不得不花费巨大的人力、物力，开挖运河，沟通漕运，说明水上交通确实是一件关系城市生存的大事。

当然，城市水源的考虑还有其他意义。南宋都城临安有个美丽的西子湖，它既是一个确保全城人民用水的主要供应点，又是许多文人墨客和市民们游玩览胜之地，使临安城更加妩媚多姿。而皇室的离苑别宫、达官贵人和豪绅富商们的后院装点，更离不开水的陪衬。中国古代城市，除了要修筑城墙以外，城墙外要挖护城河。论其作用，一是保护城市安全，城外环河，多了一道障碍，敌人不易攻入；二是在雨涝时节，具有容纳排泄城内积水的作用。护城河也是城市水利的一个重要组成部分。

当然有利就有弊，城市水利中也存在一个防止水对城市造成危害的问题。

《管子》谈选定城址的原则中，有一点就是防止水患。在一些水利史著述中，常把清代泗州城被淹当作没有充分考虑水文条件而造成悲剧的典型例子。泗州在今江苏盱眙县城北，是隋唐以后水利发展之后兴起的城市。这里正当通济渠（后来是汴渠）和淮河的交汇处，南方的漕粮等许多物资，都通过淮扬运河转经此地而运往长安、洛阳或开封。但泗州城由于地势低洼，即使在最繁荣的时期，也时刻受到淮河及与之不远的洪泽湖水的威胁。随着黄河夺淮入海，淮河上游来水常常在淮安与泗州间受阻，并使洪泽湖因受水过多，不断向四围扩展，泗州城更是岌岌可危。到了明末，即使在正常年份，淮河和洪泽湖水位也远高出于泗州城，它已完全处于水的包围之中。终于在清康熙十九年（1680年），一场大水将泗州城淹没在洪泽湖底。

为了躲避被水淹没的厄运，有的城市不得不选择另迁新址。历史上北京城址的变迁，便包含着躲水的意义。北京的前身蓟城，约相当于今城区的西南角，后来辽建南京，金立中都，也大体在此。这里离永定河（当时称浑河）不远，引水排水都比较方便，不利的条件则是易受洪水泛滥的影响。所以当元朝建立大都时，决定另选新址，把它确定于再向东北的永定河与潮白河冲积扇的脊部，就是想躲开永定河泛决所带来的危害而考虑的。

中国古代繁华城市中，有很多是建立在濒江濒海处，这很大程度上与利用水利资源有关（如交通运输等），但同时也带来一个如何防止水患的问题。为了防止水患的发生，保障城市生命和财产，很多城市不得不采取开挖引河，在外围修筑海塘、江堤，以及加固城墙等措施。

 知识链接

水淹泗州的传说

关于"水淹泗州"的民间神话传说，把发起洪水淹没泗州的罪魁祸首归结为水母的作恶。有个水母妖精，一次化作一个妇人挑着一担水走在路上，准备将东南一带全都变成汪洋泽国。仙人张果老知道后，急忙倒骑毛驴来见水母，请求她用所担的水饮一下饥渴的毛驴。水母未识张果老是神仙，更不知他骑的驴是头神驴，便答应了。哪知神驴一口气竟将两个水桶所装的五湖四海之水都喝干了，只剩下很少的一点水。水母一看上了当，恼羞成怒，将桶里剩下的水底儿全部倒在地上。顷刻间大地洪水滔滔，从盱眙一直淹到泗

古泗州遗址

州，几十万生灵顿时葬身水中，这就是民间和戏剧中所讲的"水淹泗州"。张果老痛恨水母的凶狠残暴，就用铁锁把它锁住，并打入了盱眙县老子山一座神庙的水井里。无疑，这则传说折射出的是历史的真实。古代的泗州城，地处淮河、运河、黄河三河的要冲，位于今淮河入洪泽湖口附近，在江苏盱眙县城淮河对岸。它是随着隋代通济渠的开通而兴起的一个港口城市。泗州城的城址在地势低洼的汴水入淮处，虽然有漕运之利，但水患的威胁一直非常严重，特别是受黄河夺淮的影响，泗州城因淮河的泥沙淤积造成水流不畅的问题日甚一日，洪水一来，泗州城便像一座孤岛一般被困在水中。据史料统计，泗州自它诞生之日（735年）起，到它淹没在大泽之中（1680年），总共有940多年的时间，其中多次被洪水侵淹，比较严重的就达34次之多。虽然历代王朝对泗州的防洪保护投入了巨大力量，但到了康熙十九年，泗州城终于在劫难逃，被汹涌的洪水吞没，城圮陷入洪泽湖中。泗州城连年遭受严重的水患，并最终从淮河之畔消失，自然会引起人们无尽的回顾和遐想，产生"水母淹泗州"的民间神话也就不足为奇了。

早期城建理论中的水利问题

随着生产的发展，在原始公社末期，出现了剩余产品，随之就有了私有财产和交换活动，这种交换的场所就是市。市要选在用水和行船都方便的地

方，必须靠近河、湖、泉、井等水源；河湖的洪水泛滥又会给市造成灾害，所以还要有简单的防范洪水的措施。随着商业发展而形成的市，后来又和统治阶级的各级行政中心相结合，就成了人口密集、财富集中、文化发达的城市。用水和防洪的要求更高，这是城市水利的开始。

春秋战国时，就已出现在临淄（今山东临淄城北）、燕下都（今河北易县东南）、邯郸（今河北邯郸西南）、大梁（今河南开封）、郑（今河南新郑）、郢都（今湖北江陵北）、吴（今江苏苏州）、咸阳（今陕西咸阳东）等繁华城市，形成了比较系统的建城理论，其中城市水利理论占有重要地位。《管子》一书对此有较详细叙述：第一，选择城市的位置要高低适度，既便于取水，又便于防洪，随有利的地形条件和水利条件而建。第二，建城不仅要在肥沃的土地上，还应当便于布置水利工程，既注意供水，又注意排污，有利于改善环境。第三，在选择好的城址上，要建城墙，墙外建郭，郭外还有土坎，地低就要作堤防挡水；地高则挖沟引水和排水。第四，城市的防洪、引水、排水是十分重大的事情，当权者都要过问。这些理论一直为古代城市水利建设所遵循。

古代城市水利的基本内容就是上述理论的具体化。

（1）古代城市供水的主要方面有居民用水、手工业用水、防火和航运等。城市靠近河湖和打井是主要的取水方式。如果城市建在水源不便的地方，需要做专门的引水工程送水入城。例如，三国时雁门郡治广武城（今山西代县西南）、唐代坊州中部县（今陕西黄陵县）、袁州宜春城（今江西宜春），都曾建有数千米长的专门供水渠道和相应的建筑物。

（2）古代征战攻守，城占有极重要的地位。城市为巩固城防要筑坚固的城墙，同时深挖较宽的护城河（也叫池或濠）；在敌人攻城时，使城和濠成为相互依托的两道防线。护城河中的水来自上游的河、湖、溪流或泉水，大多数有专门的引水工程。护城河下尾要有渠道排泄入江河。为控制蓄泄，还要建相应的建筑物。城市最有效的防范工程是护城河和城墙体系。如果说城墙是洪水泛滥时城市坚

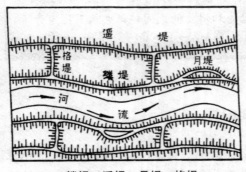

缕堤、遥堤、月堤、格堤

固的挡水堤防，那护城河就是城市导水和排水的通道。在黄淮海平原，有很多城市在一般的城墙和护城河之外又筑一道防洪堤，也是一道土城，堤外同样有沟渠环绕，使城市形成双重防洪体系。

（3）古代不少水利工程兼有城市供水和农田灌溉的双重作用。有的城市供水工程兼有农田灌溉效益；有的是大型灌溉工程兼有城市供水作用；有的是城市运河用来作农田季节性灌溉。这些灌溉工程多属于为城市生活服务范围，也有些城市水域用于种植菱荷菱蒲，养殖鱼虾鳖蟹，兼收副业之利。

（4）历史上，为解决城市发展自然环境随之恶化的问题，以采用水来改造和美化城市环境的办法作为对策。用水利工程引水入城，或借用自然水体加以修整、改造作为建城的基址，曾得到广泛的利用。中国六大古都长安、洛阳、开封、杭州、南京和北京都有兴修大量的水利工程来改善城市环境，而不少中小城市也兴修了相应的工程。

城市水利的发展

春秋战国时一国的政治和经济的中心都是各诸侯国的都城，每个城市都有自己独特的水利条件和相应的水利工程。秦都咸阳，跨渭河南北，有较好的供水条件，控制着关中地区的水陆交通，如今一些陶制的大断面下水管道在宫殿遗址中被发现了。齐都临淄，滨淄河而建，开凿淄济运河与济水相通，再由济水、黄河水和淮水相通，形成了方便的交通条件。在郑韩故城、燕下都等地也发现了水井和下水管道。西汉在经过秦的暂短的统一后，形成了一个大统一的局面，城市和城市水利建设都有很大发展。其中西汉都城长安和东汉都城洛阳两城，分别形成了以水库昆明池为中心的和以阳渠引水系统为中心的供水系统，兼顾航运的需要。在三国两晋南北朝期间，城市及其水利由于国家长期的分裂和战乱状态而遭到了严重的破坏。例如个别军事集团的政治经济中心城市，像曹魏的都城邺（今河北临漳县邺镇），引漳河水解决了城市供水、环境改善、航运和灌溉多方面的需要。一些少数民族的中心城市，在其进入中原学习了先进经验以后也迅速地发展起来。例如北魏的都城平城在寒冷和缺乏水资源的北方，便引天然河流与它的人工支渠在城内通过，解决了缺水的困难。当时征战常用水攻，易受攻击的城市为强化其防洪体系，造成该城水利设施畸形发展，例如淮河流域的寿阳（今安徽寿县）就成功抵

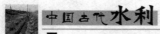
御了战争中敌方多次放水淹城的进攻。随着大量居民的南迁，南方地区的开发，南方城市及其水利发展迅速。例如六朝都城建康（原名建业，今南京）建造了以秦淮河为主要水源、引长江潮水为补充水源的城市水利系统。

隋代的重新统一和唐代的繁荣强大，一直到北宋，城市水利随之兴旺发达，出现了长安、洛阳和开封等规模宏大的城市，居民饮水、航运用水、园林供水和防洪排涝等随着地区内水资源的充分利用得到了解决。

南宋的都城是临安，政府在唐、五代开发西湖的基础上已形成了以湖为中心的供水系统。其他城市的水利也有相应的发展，例如江西宜春独立修建了供水工程；保存至今的宋代文物《平江图碑》描绘了当时苏州城的平面布置和城内河道情况，与近代苏州城相对照，不仅城的平面位置和主要街道未变，而且河网基本未变，证明那时城市水利建设已有近代规划布置的水平。在南宋与金的对峙时期，金曾把都城迁至今北京，称中都，开始了城市的水利建设，保证了城市供水和航运，并开始建设以水利工程为中心的北宫。

元代统一全国，城市水利的主要成就集中于大都（在金中都东北另建的新都城），先后开通和利用了金口河、坝河和通惠河三条运河。其中，成就最大的是通惠河，采用白浮引水、瓮山泊调蓄和运河层层设闸的办法，成功地解决了缺水地区的大规模航运问题。此外，在供水、排水和城市防洪方面也获得了成功。北京城在明清位置稍有南移，并在城南加筑了外城，仍以通惠河为通航干道，以汇集西山泉水为水源的昆明湖枢纽为中心，分别向北京城、通惠河和郊区的园林、农田供水，代替了白浮引水。

明初，国内各大中小旧城普遍改建或加固城墙，浚深护城河，新建城市也尽量完善城墙和护城河系统。在不同地区，大多根据地方特点在供排水和防洪两个方面兴修了相应的工程，形成了各大小地区具有较完善水利设施的中心城市、港口城市和商业城市。西方科学技术传入中国，铁路、海运和自来水的发展促进了传统的城市水利逐渐变化，在新的条件下不断充实和发展。

唐代长安的城市水利

中国古代城市设计的杰出代表有唐代长安和明清时期的北京，它们的城市水利建设也十分出色。

唐代长安是当时世界上首屈一指的繁华大城市，极盛时有超过100万的人口，城市面积80余平方公里，这种规模即使在今天看来也很可观。没有良好的水利设施，要解决这么大城市中人们的日常生计，那是很难想象的。为了保证城市生活用水和各种物资的运送，唐朝政府从东面引入浐水、灞水，南面又开清明渠和永安渠，分别引入潏水、洨水。其中泸水和永安渠，还被用于宫苑游乐之需。长安与外界的水上联系，向东通过漕渠，经黄河三门峡与通济渠、永济渠相衔接。漕渠是西汉时开挖的故道，隋唐时重新加以疏浚。漕渠的作用，主要是运送关东漕粮。另外还有一条向南连通潏水的漕河，这是玄宗天宝（742—756年）初年开凿的，除转运粮食外，还负有输送南山木料、砖石、柴炭等任务。

在唐代，通过运河来到长安的船舶很多，其中东边来船都停靠在城东不远的长乐坡，常常排列达数千米之长。由漕河运送的木材等货物，则直接进城，泊于西市的专门码头。唐代长安城内街道纵横，街两边都挖有整齐划一的明沟，沟旁种植杨树。街道旁边的民居叫作坊，每坊之间有砖砌的暗沟与明沟相通，构成良好的排水网络。在城东南角，有一个曲江池，是长安城最大的水域，也是唐代著名的风景区。

明清北京的城市水利

明清时期在元大都基础上扩建了北京城。元代选定大都城址，一方面是要避开永定河泛决对城市构成的威胁，同时又要寻找足够的水源，以满足宫廷和运输的需要。至于一般居民饮用，多以井水为主。有关元代大都城的水源，主要通过西山白浮泉到瓮山泊再转入城内，这一点在前面有过介绍。白浮泉在清代时期已封闭不用，改用玉泉山水。当时玉泉山水出水尽管旺盛，但要承担偌大北京城交通运输的水源，仍存在着很大的困难；加上后来西郊园林建筑的发展，又拦截了很多用水，使贯通南北的京杭大运河，其起点只能停留在离京城数十里的通州城郊。

在保证北京的水源方面，很值得一提的是乾隆时期对西郊昆明湖的全面整治，其中包括扩大湖面，增加积蓄量，并设计了高水湖、养水湖和泄水湖三种形式，以调节水量，使北京城内能够得到更多的水供应。当时，宫廷紫禁城、皇城护城河水、园林水面和民间防火以及某些灌溉用水，主要是由西

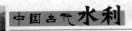

郊各泉汇聚而来的。

明清时期北京城与唐代长安一样，各街道间也有沟渠，供雨涝时节泄水之用，最后流入护城河排出。至于各湖区河渠间所建立的各种闸坝涵洞，既是为了拦截蓄水，有的也有排涝泄洪的作用。

自明清以来，永定河的淤积十分严重，决口改道不断出现，对京师安全也构成一种威胁。为此，明清两朝政府曾花费很大精力，整治永定河，修建起坚固的堤防体系，以策安全。

由于各个城市的功能要求和所处地理条件不尽相同，所以古人在解决城市的水利需求上也各有侧重。中国古代在城市的选点和为其服务的水利设计方面，确实积累了许多的经验和教训，而且其中的很多内容，在今天看来仍有十分重要的借鉴意义。

第二节
风姿卓越的水利城市

运河沿岸城市的崛起和发展

漕运是中国古代主要的运输方式。漕运的主要载体——运河，对中国古代城市的形成和布局产生了极其重要的影响。运河的开通带动了人口的流动，给一些原本沉寂的城市带来了生机，催生出了一批新生的城市和繁荣的市集。其中，盛唐长安和洛阳的辉煌，宋都开封的繁荣，明清的北京和扬州的繁华，都要归功于漕运。

运河的开凿为运河沿岸的城市提供了便利的交通条件，漕运的发展为沿岸的城市带来了丰富的物资和众多的人口，从而为整个城郭的发展提供了动力。中国早在5000年前就已经形成了城市的雏形，但是主要范围都是在黄河的中下游，所以，当时的城市大都分布在以黄河为中轴的北方和中原地区。随着隋朝大运河的开通，人们利用漕运把丰富的物资运到了南方的一些地区，一些新兴的城市在那里不断涌现出来。尤其是在一些水路交汇的地方，扬州、苏州、杭州、宋州、汴州等工业城市如雨后春笋般出现。到了元朝的时候，京杭大运河的开通，进一步加速了东部沿海地区城市的发展，从而影响了整个中国城市的格局。

北宋时期，农业和手工业都有了一定的进步，运河沿线的经济发展更加迅速，开封、杭州、扬州、苏州是这一时期繁荣城市的代表。元代京杭大运河的开通可谓是开辟了漕运的新纪元，由于通惠河、会通河、济州河的开凿，一批新兴的运河沿线城市悄然崛起。

漕运的畅通不仅给农业和工业带来了发展，同时也带动了商业和手工业的发展，进一步促进了运河沿线城市经济的发展。其中，最具有代表性的是大运河南端的杭州。一些城市是从隋朝就开始兴起的，随着大运河的南北贯通和东南经济的迅速发展，这些城市从最初的一个小城市一跃发展成为国内经济的大都会和国内外的通商口岸。宋朝的时候，江南地区的城市经济更加繁荣。到清乾隆年间，著名江南城市杭州一跃成为我国三大纺织中心之一。到了雍正乾隆年间，杭州已成为全国著名的工商业大城市。

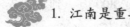 繁华的江南地区

随着经济中心的南移，江南漕运城市的商品经济高度发展，江南地区也随之逐渐繁华。

我国最早期的一批城市主要出现在黄河中下游地区，所以，在相当长的时期内，我国古代的经济中心一直在这一地区。随着生产力的发展、全国格局的变化和漕运的发展，中国的经济重心最终定在了江南地区。江南地区成为经济中心是有一定原因的。

1. 江南是重要的粮食产区

唐朝时期，长江中下游平原及东南沿海地区的粮食产量就已经很高了，这些地区也因此成为当时粮食与赋税的主要供给区。适宜的气候再加之先进的生产方式，使江南的粮食产量逐年上升。江南地区的劳动人民总结了多年

的生产经验，开创了双季稻、稻麦连作等新
的农耕制度，从而大大提高了粮食的产量。
为提高单位面积产量，江南地区的各县还十
分注重良种的引进和培育。由于水稻种植是
南方的主要耕种制度，因此，水利的兴修对
农业生产的影响也很大。仅宋朝在长江中下
游地区进行的水利建设就高达 1000 多次，
可见封建政府对江南农业的重视程度之高。
到了元代，全国的税粮超半数都是产自江南

灵渠

地区。漕粮数额的不断增长也使江南地区巩固了其经济中心的地位。

2. 江南地区是重要的手工业生产基地

北宋以前，南方的手工业发展还不及北方。到了北宋时期，南方向朝廷进贡
的纺织品占全国所有进贡纺织品的一半以上，南方纺织业的发展超过了北方。到
了南宋时期，江南的丝织业开始逐渐发展了起来。到了明清时期，江南已经成为
丝织业的中心。江南的陶瓷业发展也极为迅速。元朝以前，陶瓷的生产中心主要
在北方。到了元明清时期，陶瓷业生产的中心已经转为江南地区，一些瓷器作坊
享誉很高，最著名的景德镇瓷器至今仍在国内外极受欢迎。江南地区地处水乡，
水网遍布，再加之一些城市与海为邻，因此造船业发展规模也很大。此外，江南
地区的造纸、印刷、织染、晒盐、漆器加工等加工工业也在全国享有盛名。

3. 江南地区人口众多

由于漕运的开展，各地区和各民族的人民大量涌入江南地区；经济的繁
荣也吸引了大量的人口前来居住。因此，在历史上江南的人口数量一直处于
居高不下的状态。北宋后期，江南地区人口超过 20 万的州郡多达三十几处。
明清时期人口增长更快。江南地区在明朝时期人口超过了 800 万，到清代人
口最多的道光三十年（1850 年）江南总人口更高达近 4000 万。

江南作为经济重心的地位一旦巩固，该地区的繁荣势必成为一种必然。
市镇数量的增加、专业化市场的形成与劳动力市场的发展，均为江南的繁荣
奠定了基础，整个江南呈现出一派繁华的景象。由于市镇较多，江南地区在

市镇的管理上也加大了力度。工商业发展程度较高的大型城市之内各种市政设施林立，甚至连郊区也有附属的市场和村落。

除此之外，江南地区市镇的繁华还表现在市场的专业化发展水平上。到了南宋时期，工商业迅速发展，各市镇的专业化程度很高。如一些城镇是专门的商业镇，一些城镇是专门的农业镇，一些市镇是著名的盐业镇，市场分工的精细进一步促进了江南市场的成熟。此外，江南的桑蚕养殖业规模也十分盛大，为丝织业的发展提供了足够的物质基础，从而使得江南地区成为经久不衰的丝织业中心。

江南地区从唐朝开始便是中国最为富庶的地区。从唐朝至明清的千年时间，江南一直以它丰饶的物产和手工业产品供养了一代又一代封建王朝。由于江南是漕粮的主要输出地，历朝政府也十分重视对江南地区的扶持。但是江南的富足必定是有限的，如果不进行休养生息而只是一味地索取，势必会削弱经济的发展，所以江南人民也常常因为封建统治大肆的搜刮而陷入困境。

河、海漕运的交通枢纽——天津

天津，原名直沽，亦称小直沽，是从元代逐渐形成、最终兴建于明代的城市。天津是北方著名的漕运城市，江南漕粮北运，无论是通过内河还是经由海运，都要先抵至直沽然后再转至大都。

元代直沽的发展与海上运输的关系相当密切。元初虽然也使用运河运输，但是由于直达元大都的运河没有开通，所以内河漕运必须兼以陆运或兼以海运才能到达直沽，因此，虽然海运危险重重，元代还是不断地开辟海上运输路线，并在海运方面取得了一定的成效。由于元代从海上漕运至北方的粮食都要先运至直沽，再转到大都，所以直沽作为海运的码头地位已经形成。

天津地处大平原东部，东临渤海。从太行山和燕山流出的大河、小河加之北运河和南运河的水流，全部汇集到天津市区内，聚流为海河。正因为海河东流入渤海，所以天津不仅是海港城市，还是著名的海港。天然的河流汇集到市区内必会构成城市的一部分，明清时期就对海河的水系进行了一系列的改造。明朝在永乐年间于天津城东南隅建造了大闸，引海河水入护城河。清代乾隆年间又在马家口处修闸两座。水闸的修建对整个天津城来说无疑是十分必要的：一方面，水闸可以有效地控制进水量和出水量，从而保证了整

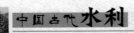
个城区的用水量；另一方面，水闸的修建也可以保证城市居民对淡水的使用。

为了适应水路运输的需要，作为遭运重地的天津也建立了渡口和桥梁。天津城内海河又深又阔，因此浮桥众多。除了浮桥之外，还建有木桥、石桥、铁桥等各种桥梁。至光绪年间，天津城内外建造起来的桥梁就有50多座。这些桥梁不仅仅是漕运发展的产物，同时也是城市环境的重要组成部分，不仅改变了城市的格局和构造，并且很好地改善了城市经济与文化生活。

天津原是"海滨荒地"，但由于河漕和海漕的发展，这里逐渐发展成为人口众多的城市。海上和内河的漕运不仅将南方的物资调入了天津，同时也带来了文化上的交流。由于以上种种原因，天津的人口结构较为复杂。明清时候天津的人口结构主要分为四类：占比重最大的是工商业者，多为船户、盐商等；另外是原来就居住在天津的居民；再者是缙绅（地方上有权势的人）；最少的是医户、僧道和乞丐。从永乐二年（1404年）到道光二十年（1840年）的337年间，天津成为北方大运河漕运、物质和文化的中心城市，至道光二十年（1842年），天津的人口高达20多万。

受漕运的影响，天津不仅成为明清时期重要的漕运传输基地，还是当时的盐业中心、粮食中心和北方的商业中心。明初时期，由于京杭大运河会通河段尚未通航，所以当时的漕运仍以海上的航线为主，海运的终点仍然是天津。会通河修缮完毕之后，明朝虽然弃用了元朝流传下来的海运之法，但山东到天津的海运并没有停止。到了清代，天津在漕运方面的职能进一步加强，嘉庆以前，漕粮年均为400万斤左右。在盐业发展上，天津早在元代便已经形成了盐场，最为著名和规模最大的盐业——长芦盐业使天津成为著名的盐业中心。为了更好地管理长芦盐业，明清两代专门设立了长芦盐课监察院检查长芦盐政。由于盐税是封建国家重大收入的主要项目，为了方便天津盐业的发展，明清两朝还专门修筑了多条浮桥，专供盐业的运输。

此外，明清时期天津的粮食业、手工业和商业的发展也极为繁荣。经济的发展为市集的遍布提供了有利的条件。这一时期，整个天津城一片繁华盛景。

美轮美奂的扬州、苏州和杭州

扬州、杭州和苏州是江南最典型的漕运城市，漕运的发展促使这三个城市在经济文化上与外界的交流更加广泛。而漕运之所以促进扬州、杭州和苏州三个城市的飞速发展，最主要的是由这几个城市与运河的地理位置而定的。

从春秋末期吴王夫差开邗沟到唐代，扬州至淮安的运河基本上是为政治军事所用。从唐代开始，邗沟就起到了一定的漕运作用，刺激了扬州经济的发展，并且在运河附近的地方形成了商业聚集区。宋元两代的时候，运河的经营取得了超前的成就，扬州

苏州宝带桥同我国历史上的漕运关系十分密切

至淮安运河的经济作用逐渐突出。明清时期，南北大运河畅通，运河的经济作用空前增强，因而对促进扬州经济的繁荣起到了很大的作用。

苏州城市历史悠久，相传为春秋时代吴国的都城，秦汉隋唐的时候还一直沿用"吴"这个名字，到了隋文帝时期才改名为苏州。由于隋朝的时候开凿了江南大运河，从此，苏州就成为南北运河与娄江的交汇处，具备了内河航运与海上交通的便利条件，这对苏州经济的发展具有重要的作用。苏州城市的位置在此后的发展过程中进一步稳定。从唐宋到明清这一时期，苏州都有很详尽的水系记录，当时的苏州城内就已经形成了比较完整的城内水系，这对苏州城市的稳定起到了积极的作用。由此可见，漕运是苏州城市位置稳定和城市发展的重要因素。

杭州在北宋时期就有运河，但是没有得到人们的充分利用，城市发展受阻。直到宋朝时期运河开始重新治理时，才为杭州的城市发展发挥了重要作用。元末的时候，朝廷下令开凿了东运河，明清时期又继续利用了西湖和运河完善了杭州城内的水系。因为有了运河这样的优势，杭州开始迅速发展，所以漕运对杭州的发展也起到了至关重要的作用。

漕运带动了城市的繁荣，也刺激了人口的增长。明初的时候，扬州的当地人口比较少，人口组成多数是流动人口。但是到了嘉靖年间，这里形成了工商业区，工商业有了长足的发展，所以这个时期工商业者为主要人口。到明清时期，工商业者在整个城市人口中的数量占第一位。同时，在明清时期，扬州的文化气息浓重，所以，文化人口仅次于工商业者。而到了清朝的嘉庆年间，扬州人口已经接近8万。

苏州的人口数量在明清以前并没有明确的数据。明清两代十分富庶，苏州在这样的条件下所形成的人口结构除了工商业者和文化人之外，都是城市居民及兵士官吏。

"杭民多半商贾耳"，这简短的一句话比较真实地反映了杭州人口结构的一般状况。由于杭州是明清时期大运河南端的货物集散中心，商业发展迅速，商贾人口日益增多，较之其他人口商贾人口数量居多。明清两代的时候，杭州城市的丝织手工工厂不断发展，手工业者不断增加，逐渐发展成为一个庞大的城市手工业者队伍。除了上述商贾、手工业者之外，当地还有一定数量的文化人和缙绅。

在经济发展方面，扬州、苏州和杭州的经济发展方向不同，又各具特点。扬州城市经济的发展主要取决于手工业和商业的发展。至明清时期，扬州的手工业大致可以分为三类：第一类是特种手工业，这类手工业一般与贫民无关，多用于对外贸易。第二类是适应文化发展或保留古代文化需要的手工业。第三类是民间手工业。明清时代扬州最大的商业是盐业和南北货商业。扬州盐业，即两淮盐业。两淮盐业和扬州城市发展有关的就是住在扬州城内的盐商手中的钱，也就是两淮盐商手中掌握的商业资本。南北货商业是明清时期扬州城市的第二大商业。这是由于运河交通便利，扬州又处在南北要塞之地，是南北货物的集散中心，便于和城市居民的商业活动相结合，所以扬州城成为繁华的商业中心。

而苏州的发展主要体现在手工业和商业两个方面。手工业主要分为丝织手工业和工艺美术手工业。由于邻近运河，漕运比较方便，便于手工业产品运送，所以当地的手工业蓬勃发展，苏绣至今都享誉世界。苏州地处大运河和娄江交汇处，内河航运和海上交通都很便利。凭借有利的运输条件，苏州的丝绸贸易得到了充分的发展。同时，粮食商业也成为一项引人注目的商业。随着商业的发展，往来贸易的增多，苏州城内建立了很多会馆、公所，带动了城市经济的发展。

杭州的经济无论是在手工业还是在商业方面的发展都比较迅速，并且都具有一定的规模。杭州经济的发展与东南沿海、运河沿岸城市工商业的发展有着密切的关系，杭州及东南沿海各省的货物多从杭州运往北方，北方的货物也从杭州下船再分散到各处。因此，杭州变成了大运河南端的货物集散中心。

随着经济的发展和人民文化水平的提高，漕运沿岸的苏杭和扬州的文化也蓬勃发展，哲学、文学和科学技术等方面也都有了长足的进步。

第三节
边疆少数民族地区的水利建设

在中国现有的疆域内，除汉族外，自古以来还居住有许多少数民族。这些民族，有的今天业已消失；有的经过迁徙融合，变成了一个新的民族；但更多的民族，至今仍然生活在祖国广袤的大地上。所有这些民族都是中华民族的组成部分，因此，在谈到中国古代水利时，自然不能忘记少数民族地区在水利建设中所取得的成就。

西北新疆地区的水利建设

现今的新疆，在汉唐时期被称为西域，由天山横贯中部。汉武帝以来，西域诸国先后归服于汉，汉代在天山南北路的不少地区屯田。如汉宣帝派郑吉为西域都护，"并护北道，故号四都护"。那时，在天山以北的准噶尔盆地和天山以南的塔里木盆地建立起许多小国。它们中有的过着逐水草为生的游牧生活，但更多的则引水灌田，从事农业生产。汉代轮台以东的捷枝（今新疆焉耆）、渠梨等国（今新疆库尔勒），已拥有 5000 顷以上的灌溉田。汉朝政府开设的屯田，也有相当完善的水利设施。

唐代继两汉在天山南北开展屯田，像疏勒、焉耆、北庭、伊吾、天山，都是屯军聚集之地。该地都开渠引水灌田，政府还专门设有兴修水利、负责分配灌溉水量的知水官。

新疆水利事业的大发展是在清朝政府统一西北地区以后。乾隆帝为驻兵戍守，先后在伊犁（今伊宁）、塔尔巴哈台（今塔城）、库尔喀喇乌苏（今乌苏）、迪化（今乌鲁木齐）、巴里坤、哈密、辟展（今鄯善）、喀喇沙尔（今焉耆）、乌什、阿克苏等地兴办军屯、民屯、回屯（维吾尔族进行的屯垦）、旗屯（旗人进行的屯垦）、遣屯（利用犯人进行的屯垦）等各种屯田。在开垦屯田的过程中，他们或引天然河水，或靠天山雪水，并且均以挖渠而通。

乾隆二十六年（1761 年），在巴里坤附近引黑沟水开渠至尖山栅口，长 15 千米，与先前旧渠相接，垦地 3.8 万余亩。

嘉庆七年（1802 年），伊犁将军松筠奏准开挖惠远城（今伊宁城西）东伊犁河北岸大渠一道，逶迤数十千米，引河水灌田。又于城西北草湖中探寻到泉水，疏浚后筑堤开渠，灌溉旗屯土地。

嘉庆十三年（1808 年）开察布查尔大渠。伊犁河南岸居住着很多锡伯族官兵，这里原有一条连接东西的绰合尔渠。嘉庆初年，因锡伯营人口繁衍，耕地感到紧张，于是决定在察布查尔山口开渠引水。经广大官兵几年的努力，终于在嘉庆十三年开通此渠。新水渠与旧的绰合尔渠大体平行，全长 100 多千米，引伊犁河水，灌田达 7.8 万多亩。

嘉庆二十一年（1816 年），经管理回屯的阿奇木伯克霍什纳特的呈请，在惠宁城（在今伊犁市西北）开凿了一条连接东山辟里沁水和西北济尔哈朗山泉的支渠，长 80 多千米，从而给 150 户维吾尔族的屯户提供了充足的用水。

道光十九年（1839 年），经伊犁将军关福的奏报，在厄鲁特爱曼所属的塔什毕图开正渠 25700 丈，计 70 多千米，灌田 46 万多亩。

道光二十四年（1844 年），屯田军在惠远城东建渠一条，引哈屯河水，灌田 20 万亩，名阿齐乌苏渠。

天山以南的南疆地区是维吾尔族的主要聚居区。这里的水利设施原来已有较好的基础，到了清代，又有许多新的兴建。道光九年（1829 年）、十六年（1836 年），曾分别修筑喀什噶尔新城和库车沿河堤坝；十九年（1839年），于叶尔羌东北挖巴尔楚克渠 328 里，沿渠修堤，屯田耕种。道光二十四年（1844 年），林则徐贬戍新疆后，曾被委派与喀喇沙尔办事大臣全庆查勘南疆水利。林则徐走遍了天山以南各地，进行实地考察，提出了很好的建议。这些建议，后来大都得到贯彻，于是库车、阿克苏、乌什、叶尔羌、和阗、喀什噶尔、伊拉克里、喀喇沙尔等地，均因扩大水源，新得垦地近 69 万亩。

清代的新疆水利工程中，不能不提到坎儿井。坎儿井的开挖技术，近人王国维有过考证，这种技术是西汉时期从内地传入西域的。其构造为：通向地面的是一口口垂直大井，井下开暗渠互相连通，然后引向灌区。坎儿井既可充分地吸取沙砾地带的深层地下水，又能减少沙漠地区的空气蒸发，很适合于新疆地区的特点。坎儿井于清代曾广泛地在新疆加以推广，当时南疆的哈密、辟展、吐鲁番、克勒底雅（于阗）、和阗（和田）、叶尔羌、英吉沙尔、塔什巴里克（疏附），北疆的巴里坤、济木萨、乌鲁木齐、玛纳斯、库尔喀喇乌苏等地，都有坎儿井。其中最长的哈拉巴斯曼渠全长 75 千米，能灌田近 1.69 万亩，即使在当今看来，也是一个相当浩大的工程。

光绪九年（1883 年），新疆建省，南疆地区的水利建设又取得较大的进展。当时，清朝政府在着力恢复因阿古柏武装叛乱而毁坏的许多旧有水利设施之外，还扩大新修了不少沟渠。有历史记载的有：焉耆府扩大新修渠 30 千米，灌田 3800 余亩；拜城扩大新修渠 455 千米，灌田 270972 亩；莎车府扩大新修渠 97.5 千米；叶尔羌扩大新修渠近 700 千米，另筑堤 13 千米，溉田 6243 亩。此外，在吐鲁番还开凿了坎儿井 185 处。

北方大漠地区的水利建设

古代先后有很多民族在今长城以北的大漠地区进行过生产生活的活动，主要的有匈奴、鲜卑、丁零、突厥、回纥以及蒙古等。这些民族，都过着以畜牧为主的游牧生活，但在与汉族人民的接触交往中，也开始经营农业。一些汉族军民出于军事或经济方面的原因，也不断地前往大漠地区开田垦荒。凡此种种，都促进了大漠地区水利事业的展开。

大漠地区的早期水利设施，集中于今内蒙古境内的河套地区，且与屯垦有着密切关系。武帝元朔二年（公元前 127 年），西汉政府在打败匈奴、占领河套地区以后，便开始移民充实边疆，设置朔方、五原二郡，募民 10 万人，迁居朔方；元狩三年（公元前 120 年），徙贫民 70 余万人，充实朔方以南的"新秦中"等地；元鼎六年（公元前 111 年），在朔方、五原等郡设置田官，分别管理几十万名屯田军卒。文献中虽没有提到举办水利之事，但这么大规模的开垦屯种，不开渠引水，那是难以想象的。据推测，该地区的水源应为黄河。另外，西汉政府在迁移内地军民屯种的同时，还接受了不少归降的匈奴人。如元狩三年曾把匈奴浑邪王率领的 4 万余部众，分 5 部安插在河套地区。所以，汉族军民的农耕生活，对他们是有一定影响的。

由于大漠地区的农业受军事进退的影响特别大，所以水利建设也时兴时废，其中成绩比较显著的是唐代。唐高宗时（650—683年），突厥强盛，举兵围攻丰州（今内蒙古五原），有人主张徙民南迁，丰州司马唐休璟以秦汉戍屯固守为例，力陈弃地之议不足取。高宗采纳了他的意见，实行又屯又戍，取得了很大成果。到武则天当政时，河套地区众多驻军的粮食已完全能够自给。这些屯地的浇灌，也是从黄河引水。有的史料还记录了一些开渠引水的事例：

德宗建中三年（782年），于丰州开陵阳渠，用以灌田置屯；贞元（785—805年）中，丰州刺史李景略开咸应渠和永清渠，溉田数万亩；宪宗元和（806—820年）中，高霞寓率兵卒5000人，疏浚金河（今内蒙古托克托县境），使几十万亩荒瘠土地得到灌溉。由于有了发达的水利工程，再加上国力较强，唐代在河套地区的屯田维持了很长一段时间。

13世纪初期起，大漠南北成了蒙古民族驰骋的舞台。当他们发展强大后，对粮食的需求日盛，并在一些靠近河流、有水利条件的地区，提倡农业。元世祖忽必烈统治时期（1260—1294年），多次调迁蒙汉军民于和林（今蒙古国乌兰巴托西南）、上都（今内蒙古多伦诺尔附近），以及阿尔泰山以东、克鲁伦河以西广大地域内，选择富于水源之处，屯田耕种。丰州（今内蒙古呼和浩特东）向来就有较好的农业基础，同样结合田耕，大力发展水利建设。后来，元朝灭亡，蒙古势力退至长城以外，丰州一带的农业仍持续不衰。到16世纪末，迁入此处的汉民超过10万人，垦田近万顷，井渠兴筑相当普遍。

在清代，大漠南北和长城以内的中原地区，同属于一个中央政府管辖。汉人迁居塞北者亦更多了，这些人中，绝大部分是垦荒种地的农民，聚居于沿河套附近和长城沿边地带。这一带有着很多土地肥沃、水源相对丰富、没有开渠条件的地区，人们都是先挖井，然后用桔槔提水溉田。从康熙晚期起，清朝政府在漠北土沃水裕的科布多、乌兰古木以及鄂尔坤与土喇河畔进行屯田，以解决那里驻军的粮食问题。

在清代，内蒙古地区最大的水利工程，当数从道光后期起陆续修建的河套引黄灌渠。河套地区虽然农耕历史悠久，但田地用水大都仰仗从黄河泛溢出来的余水。即使挖掘一些沟洫，也多凌乱不成系统，基本没有发掘出当地的丰富的水利资源。道光三十年（1850年），在今乌拉特前旗附近的黄河口子上，冲出一条塔布河，流水经过的地方，成为膏腴之地。人们因此得到启发，利用西南高、东北低的地理条件，开渠灌田，大见成效。之后又有很多人效仿，修渠不断，而其中最为出名的当属王同春修建的老郭渠。

王同春（1852—1925 年），俗名瞎进财，字浚川，邢台县东石门村人，我国近代黄河后套的主要开发者之一。老郭渠的胜利建成，给王同春带来了声誉，各地都请他做技术指导。经他

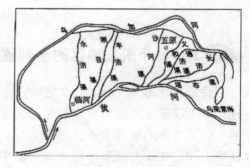

清代后套八大渠分布图

参与筹划改建的有长胜、塔布等渠，都能灌田千顷以上。光绪六年（1880年），王同春选择了一块荒地，并决定独自出资修渠，进行农田开发。经过将近 10 年的努力，终于开挖了一条长 50 多千米的引黄渠道，名叫义和渠。随后，他又先后开了沙河渠、丰济渠、刚目河渠、灶王河渠等。这些干渠，长者 50 多千米，短的也有数十千米，支渠达 170 多条，可垦种土地 270 多万亩。王同春因此被人们叫作"挖渠大王"。清朝政府在河套地区设立五原、临河等县，在很大程度上与王同春开渠垦田所奠定的经济基础是分不开的。

知识链接

王同春修建老郭渠

王同春少年时随父亲到长城以北谋生，在河套一带做佣工。同治五年（1866 年），他又到宁夏某引黄渠道工地工作。因为勤劳好学，掌握了一套修渠治水的知识。几年后，王同春重返河套地区，说服地商郭大义改造辫子河渠。具体的工程规划是，先在黄河口开挖一道大体与之垂直的约 5 千米长的主渠，然后再在主渠两旁挖掘支渠。建成后，被称为老郭渠，后来又被称为通济渠，渠道总长达 60 多千米，可灌田 1700 顷。

关外东北地区的水利建设

　　关外东北地区，白山黑水之间，历史上便是许多少数民族发祥、发展之地。除了辽东汉人活动较多较早外，主要有肃慎（挹娄）、靺鞨、契丹、女真，以及后来的满族等。这些民族中，有的也曾利用一些原始的水利条件，从事农作。在辽太宗耶律德光统治时期（927—947 年），契丹贵族借海勒水（海拉尔河）和胪朐河（克鲁伦河）的水利条件，劝令部族人引水耕种。明朝政府以辽东为基地，向北开设了卫所，与诸部头人结好，极盛时，势力曾扩展到黑龙江以北、乌苏里江以东广大地域。当时，明朝政府在辽东搞了不少水利建设。弘治十七年（1504 年），曾引浑河支流蒲河水至沈阳，以供城市需要，为此特建永利闸一座。正德时（1506—1521 年），山东副使分巡道蔡天祐仿照江南等地的做法，在辽阳滨海地区兴筑圩田数万顷。因为圩田的水利条件好，能够得到高产，所以当地百姓都很感激他，把开垦出的田地叫作“蔡公田”。

　　清朝末年，东北地区普遍兴修了农田水利。据有关人员调查，这与朝鲜人越过鸭绿江和图们江在边境种植水稻有很大关系。后来汉民也跟着仿效，水田的面积越来越大，修渠引水也更加普遍。到了清末民初，水田已扩及吉林东部和辽宁的大部分地区。

　　随着辽东地区军民人户的增多，辽东主要河道——辽河水系的治理，也积极开展起来。辽河古称辽水，上游分成东辽河和西辽河，其中西辽河又分西拉木伦河与老哈河两支。东西辽河汇合后，其正流才称辽河，然后南流，在今营口附近注入辽东湾。辽河泥沙含量高，也很容易泛滥。据文献记载，早在辽代圣宗太平十一年（1031 年），就提到有大雨河决之事。到了明代以后，辽河治理活动增多。嘉靖四年（1525 年）和四十二年（1563 年），明朝政府曾两次征调军民，开挖人工河渠，疏导辽河河水。清代又进一步筑堤修堰。雍正时，在今新民县境的柳河沟筑堤一道，还在沈阳等城市附近修堤。沿河居民为了防止辽河涨水淹没农田村舍，纷纷组织起来，自发修筑堤坝，有的地方竟连接成 50～100 千米的长堤。直接疏浚河道也有不少。在嘉庆和道光年间，曾多次疏浚柳河。人们又鉴于辽河下游干道淤积严重，为了分洪入海，于同治十二年（1873 年）和光绪二十年（1894 年）两次开掘减河。减河是为分泄河流洪水，用人工开挖的河道。开挖减河的目的在于减杀水势，防止洪水漫溢或决口。减河可以直接入海、入湖或在下游再重新汇入干流。

西南云贵地区的水利建设

西南云贵地区是中国少数民族最集中的聚居地之一。早在战国后期，楚国派将军庄蹻经略巴蜀黔中，向西到达滇地，留滇不归，云南历史从此翻开了新的一页。西汉时，随着汉武帝时开拓西南疆域，云南大部分地区列入汉王朝版图。在云贵地区，历史上曾建立过夜郎、南诏、大理等政权。

南诏存在于 649—902 年，相当于唐太宗贞观末年至昭宗天复时期。南诏政权以洱海地区为中心，所部相传为今白族和彝族的先人。该地气候温暖，雨水多，很适合于农业生产。那里因为众多的河川，以及滇池、洱海等湖泊，为南诏各族人民提供了良好的水利条件。当时，很多沿江、沿湖的平坝地区，被开发成水田，还兴建了一些颇具规模的水利工程。唐武宗会昌元年（841 年），南诏人在点苍山玉局峰把泉水聚集起来，然后引导到平坝地区，据说可灌田几百万亩。南诏人民还根据居住区内山地多的特点，把部分丘陵地改造成为一层接着一层的梯田，每一层都筑田埂围起来，保护水土不流失，还可引水浇灌。这些梯田，只要不是大旱大涝，都可得到收成。

其后几十年，该地又出现了大理政权（937—1253 年）。大理的统治区域与南诏大体相同，苍山洱海仍为其政治经济中心，生产水平和内地四川不相上下，专门设有管理水利的机构。在大理王段素统治期间，在今昆明附近的滇池上源盘龙江开了两条叫金棱河和银棱河的灌渠，灌溉周围的田地。大理政权的末年，滇池及盘龙江的泛滥，经常给当地人民带来重大的灾害。

元灭大理后，赛典赤·瞻思丁出任云南的首任平章政事官。赛典赤十分关注云南的水利建设，针对大理国末年滇池水患频仍的情况，决心加以整治。在他的主持下，首先疏通了滇池的出水口，使滇池西南与安宁河相接的通道得以顺畅流通，从此上游来水，再不致长期储积漫溢。仅此一举，就得出良田万顷。出水通路解决后，接着又动手疏理盘龙江和金汁河。盘龙、金汁两河水都流注于滇池，滇池为灾，与进水涨落不定也有重要关系。

为了解决这个问题，赛典赤选择两河上源出山的交汇处，修筑一道水坝，

松花坝水库

名松花坝，在丰水时节用来泄洪，平时调节水量，从而使流量较小的金汁河加大水量，增加灌溉田地近100万亩。对于泛决较频的盘龙江，则增修了堤防，还修了一座南坝闸，控制流进盘龙江的郡城（昆明）东北诸山泉水，并能利用其浇灌田地。

明清两代云南水利建设的范围又有所扩大。明初朱元璋派沐英镇守滇南，沐英在昆明周围大兴军屯，同时疏浚滇池，使无冲决之患。后来，沐英的儿子沐春又凿铁池河，灌溉宜良涸田数万亩。自此以后，兴筑不断。明正统十三年（1448年），邓川的大理军民疏浚了洱海周边壅淤的沙土，以防雨水时节淹没禾苗。景泰四年（1453年），明朝政府命盘龙、金汁两河并滇池沿岸受灌溉之利的民户出钱出力，改造松花坝，定时启闭。成化十八年（1482年），疏浚松花坝黑龙潭至西南柳坝南村的河渠，得灌田数万顷。万历四十六年（1618年），再次改建松花坝，以料石砌筑闸座，再用铁锭嵌连结实。由此可见，该地历届政府对水利建设的重视程度。

清朝政府在云南兴办水利事业，起始于康熙二十年（1681年）平定吴三桂等三藩以后。此前的半个世纪里，由于明清之际战乱不息，云南地区百姓生活困苦，水利设施也不同程度地遭到毁坏。康熙二十二年（1683年），巡抚王继文请银万两，疏浚金汁诸河，并修复有关闸坝。雍正四年（1726年），鄂尔泰出任云贵两省总督。鄂尔泰是个深得皇帝信赖的实干家，为发展水利事业做出了很多贡献。如集中力量疏治滇池海口，对注入滇池的盘龙、金汁、银汁、宝象等河道，筑堤建坝；又开嵩明州的杨林海，排水造田；宜良县境有一条八达河，是西江支流红水河的上源，为了利用此水来灌溉县境缺水的高地，江头村掘新河一道以资其用。此外，鄂尔泰还在东川府治会泽和寻甸州等地，兴办过水利。

乾隆年间，云南省的水利建设又有了新的进展，比较大的工程有：在邓川弥苴河旁另开子河，汇入洱海，并筑堤建闸，使周围遭淹的11200亩田地全部涸出；挑浚发源于楚雄府镇南州（今南华县）的龙川江，让偏离河床的流水回归故道；在澄江抚仙湖下端，挖掘子河一条，以便宣泄因牛舌坝冲决而造成泛滥的洪水；挑挖昆阳海口工程，使昆明、呈贡、晋阳、昆阳四州县田畴得灌者不下百万顷；等等，这些都曾在云南水利建设史上留下了浓重的一笔。

明清两代，云南梯田的发展也很快。人们多从山间引水，由高而低，层层而下，一泉之水，盘旋曲折，往往可灌注山田达数十千米。引水时，遇到岭间沟壑阻挡，则装置木枧、石槽飞渡；有的地方田高河低，再加水车戽灌。就连一向偏僻的临安府，也是梯田相间，远望如画，相当普遍了。

改善水上交通，对于加速开发像云南这样一个出门皆山的地区，具有重要意义。从明代起，人们便不断建议开通金沙江航道，以利于同外省交往。金沙江系长江上源，水急滩多，古来很少有船只冒险行驶。但随着云南经济的发展，特别是开矿业的繁兴，如何把各地急需的铜铅锡材运出去，再把粮食等日用品运进矿区，逐渐成为急待解决的重要问题。

明朝正统年间，靖远伯王骥计划开辟金沙江航道，但当时的主要着眼点在于军事行动的需要。战事结束后，开辟金沙江航道也被搁浅了。嘉靖初，巡抚黄衷再次发起动议，土官王凤朝怕通航后于己不利，竭力阻挠，致工程再次搁浅。后来，巡抚王文盛、陈大宾，巡按毛凤韶，亦先后为开通金沙江作出过努力。就在地方大员们勘察讨论方案的同时，下面已有人在做试航工作了。

弘治、正德年间，有个姓安的监生在上江放杉板，顺流而下，用以测试通航的可能性。嘉靖十七年（1538 年），又有叫王万安者，将杉板与桅梢船并同下行，进行试验。当时，朝廷命宁番（今四川冕宁）、越嶲（今四川越西）、盐井（今四川盐源）、建昌（今四川西昌）等卫及德昌千户所，采巨木供京师兴筑。这批木头先是通过了金沙江的支流，集中到河口的会川卫（今会理境），然后越过鲁开、虎跳和天生桥等险滩，顺流而下。终明一代，金沙江的通航工作虽始终未能进行，但冒险试航者络绎不绝，说明人们确实需要这条航道。这些大胆敢为的先行者们，为清人开发金沙江作了很多有益的探索。

开辟金沙江航道，鄂尔泰是一个不得不提及的人物，但由于他不久被调离云南，所以也只是起到了鼓动的作用。至于真正动工兴筑，则起自乾隆初年，这与政府为加强铜的外运有密切关系。乾隆五年（1740 年），云南总督庆复等上书给皇帝说："开凿金沙江，沟通到四川的江道，实为滇省大利。其具体线路可从东川府由子口起，经新开滩，到四川泸州止。"经朝廷批准后，

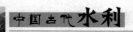
工程于乾隆七年（1742 年）十月开始，到乾隆九年（1744 年）四月止，共开凿险滩 64 个，又辟纤路 10000 余丈。由于这一带山峰壁立，岩石坚实，加上人烟稀少，所以工程相当艰苦。有些地方先得伐木堆于礁崖上，用火炙烤，待其崩裂焦脆后，再用钢钎铁锤凿劈。工程刚刚过半，就感到资金不足，加上"复阻于巨石"，所以只开通到永善县境的黄草坪就停止了。尽管如此，这条航道使川滇间有了一条比较可行的航道，意义还是十分重大的。

在此前后，清朝政府还于雍正七年（1729 年）开通经南盘江进入广西、广东的水路，"由阿迷州（今开远市）以下开至八达（今广西西林县）共一千五百里，造船划用"；雍正十年（1732 年）开通从嵩明州河口起，经寻甸、东川（今会泽县和东川市），由牛栏江而达金沙江的航道。乾隆七年（1742 年），再开通昭通府盐井渡经横江而到四川的水路，并为此开凿险滩 72 处；乾隆九年（1744 年），疏浚罗星渡河，以方便由黔西威宁州来的运铜船只的通行。经过人们不懈的努力，云南通向外省的水路条件有了很大的改善。

相较云南，贵州的水利开发要更晚。雍正时，在鄂尔泰的倡导下，贵州政府兴修了诸葛洞河道。诸葛洞在镇远府施秉县，有水运达镇远府城（沅江上游的镇阳江），中间因该洞险滩乱石阻挡，交通长期受阻。自诸葛洞河开通后，舟楫往来，民田受益。

乾隆初年，贵州总督张广泗又奏请开凿从都匀经施秉通清水江的河道。清水江是沅江支流，由此可下航到湖南黔阳，直达常德，由洞庭湖进入长江。张广泗还主持疏通了黔东南的都江，从独山三角盏起，经古州（今榕江）到广西（广西境内分别叫融江、柳江），最后在桂平附近与西江相接，东流进入广东。清水江和都江的疏治，大大方便了贵州和东南诸省的往来。

为适应高原多山的特点，在农田水利建设方面，贵州在山腰开梯田，山下平坡坝地筑塘堰进行浇灌。这些水利工程，规模一般不大，多则灌田数万亩，少则千余亩，或几百亩、几十亩。明万历六年（1578 年），在镇远县修成的平安陂，能灌田数千顷；后来修的博皮砦坝，灌田近万顷，都是规模较大的工程。

西藏地区的水利建设

自 6 世纪起，西藏的雅鲁藏布江各支流地区，已有一些羌人部族从事农业生产。他们用两牛合犋耕地，种植青稞、小麦、荞麦、豌豆等旱地作物，并已掌握凿池蓄水、低地泄水入河的排灌技术。7世纪时，西藏建立吐蕃王朝，吐蕃的农业仍限于雅鲁藏布江沿岸的河谷地带。他们挖沟渠，引湖泊的水溉田，并且在坡地作池塘，汇聚山上雪水、泉水，用以灌溉田地。

清政府统一西藏后，内地有更多的人去了西藏。据记载，在昌都、阿里噶尔渡一带，还出产过稻米。种植稻米需要治水田，没有一定的水利设施，是不可能实现的。嘉庆时，驻藏大臣松筠鉴于雅鲁藏布江支流拉萨河南岸坍塌，北岸溢涨，百姓田地多遭冲没，便命令藏官、喇嘛带领民夫，兴工疏通北岸涨沙；又在南岸上游近山地段修建挑水坝，减缓水势，然后堵塞漫口，使溢出的洪水回归故道。

台湾地区的水利建设

台湾本岛东西窄、南北长，形如纺锤。岛上有玉山、凤山和大武郡山纵贯其间，形成岛的中部高、东西两侧沿海地区为带状平原的自然地貌。台湾地邻亚热带区，气候温暖，雨量充沛。但因河流多以中央诸山脉为分水岭，向东西分流，源短流急；加上地面坡度大，多属沙质土性，雨量的季节分布又很不均匀，常常雨季易遭洪涝，平时干旱缺水。因此，发展台湾农业，首先要兴办水利。

台湾的土著民族，很早就在岛上生息繁衍。大陆和台湾的联系，可以追溯到1700多年以前的三国孙吴时期。但台湾真正得到较好的开发，还是从明代成批大陆居民移往岛内开始的。

明天启四年（1624年），荷兰殖民势力用武力占领台湾，曾在台湾一带的西南沿海地区修了两处小型水利工程，当时称为荷兰陂和参若陂，后者系佃民王参若所修。1661年，郑成功率军东征，驱逐了荷兰势力，收复台湾。郑氏到台湾后，带来大批军丁眷属，还有不少归依的百姓。这种情况下，就需要扩大耕地，屯垦招佃。于是，各种水利设施也跟着兴筑起来。

这些水利建设，一是属于筑堤储水之用，规模一般不大；二是截取溪流作水源，在规模上较前者稍大。不过总的来说，都属于中小型水利工程。

康熙二十二年（1683年），清朝政府统一台湾，大陆闽、广的移民急速增加，水利建设也得到空前的发展。清代台湾的水利工程从组织形式来看，可以分为下列几类：

（1）官修。由官府动用钱粮或官员捐资，募民修筑。比如凤山知县宋永清于康熙四十五年（1716年）发仓谷千石，筑莲潭长堤1300余丈。该潭位于县城东门外，修成后，近旁田禾均得灌溉之利。又如诸罗县知县周钟瑄，于康熙五十三年（1724年）到任。当时诸罗境内地广人稀，水利条件很差。周钟瑄捐出俸饷，劝百姓修筑陂塘沟洫。经其规划的水利工程，渠道长度达几百里，大小不下30处。

（2）官助民修。由官府或官员出一部分或全部资金，动员百姓负责修建。道光十七年（1837年），曹谨就任凤山知县。凤山辖区农田万顷，却无良好水利设施，稍遇干旱，便颗粒不收。于是曹谨联合当地绅士技工，出银让其组织开凿九曲塘，筑堤设闸，引入淡水溪水。经过两年的努力，修成了一条长40360丈的圳渠，能灌田3150甲（甲是中国台湾农民计算田地面积之单位，换算成公制1甲为9699平方公尺，即0.9699公顷）。后来，他又捐资命贡生郑兰生等晓谕有田业户，再修新圳一道，使灌区又扩大了将近一倍。

（3）聚民合修。官方一般不参与，由百姓集资合力修筑，分业户合作、庄民合作、番民合作和汉番合作等不同形式。

《台湾通史》上有记载，到清末民初为止，台湾全岛共有各种形式的陂潭圳坝234处（已埋废者3处未计在内）。正是这许多大大小小的水利工程，使清代台湾的农业，无论是土地的垦辟面积，还是作物的产量和土地的复种指数，都较以前有很大的增加。因此，在某种意义上说，台湾经济的繁荣在很大程度上要归功于水利事业的发达。

古代水利科学

　　我国水利的发展虽晚于巴比伦、埃及等文明古国,而且比起奴隶制高度发达的古希腊也略逊一筹,但却较早地完成了向封建社会的过渡。生产关系的变革有力地推动了水利工程建设,从春秋战国开始,大规模水利工程建设,如芍陂、漳水十二渠、都江堰、郑国渠等大型灌溉工程相继完成。秦汉时期治理黄河和兴建跨流域运河的工程,都已显示出中国水利科学技术在世界的领先地位,这种领先的势头一直持续到15世纪。

第一节
古代水利科学简史

 大禹治水至秦汉时期的水利科学

这一时期，先民们广泛使用青铜工具，特别是铁制工具；而当时，奴隶社会也正在向封建社会转变，这一切对水利建设具有重要的推动作用。因此，在这一时期里，我们的祖先在防洪、灌溉、航运等方面都有较大的发展，并有一批大型水利工程建起，有的至今仍卓然屹立，造福人类。在水利建设的基础上，这个时期的水利科学技术也取得了较快的发展，并逐步向世界水利科学技术高峰迈进。

尤为重要的是，春秋战国时期活跃的学术氛围也推动了水利基础科学理论的蓬勃兴起，秦汉水利建设的高潮更为水利科学的形成创造了条件。春秋战国时，人们对水土资源的分布，土壤的种类、肥瘠及适应作物，灌溉水质的优劣，地下水埋藏深度都有初步认识。同时对水流理论，灌溉渠系的设计、测量方法、施工组织以及堤防维修、管理，也都留有一些记载。

司马迁在《史记·河渠书》中赋予"水利"一词以专业含义，自此水利成为有关治河、防洪、灌溉、航运等事业的科学技术学科；将从事水利工程技术工作的专门人才称作"水工"，主管官员称作"水官"。水利学作为与国计民生密切相关的科学技术便由此诞生了。

在先秦时期，《周礼》《尚书·禹贡》《管子》《尔雅》中都涉及水利科学技术的内容。基础性的理论纷纷出笼，主要有水土资源规划、水流动力学、河流泥沙理论、水循环理论等。

秦汉水利建设造就了我国历史上第一次水利建设的高潮，有关水利的记载大批出现，水利科技的基础理论进一步深化。对后世影响最大的《史记·河渠书》是中国第一部水利通史，正是它确立了传统水利作为一个学科和工程建设重要门类的地位。

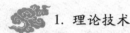

夏、商、周时期的水利科技发展

1. 理论技术

《管子》中提到不少关于水利兴建的值得注意的见解：《管子·度地》认为水灾、旱灾、风灾、雹灾、瘟疫、虫害等灾害中，水灾最大。其次又把地表径流分为五种：经水（干流）、枝水（分支）、谷水（季节水）、川水（支流）及渊水（湖泊）。此外，《管子》还描述了一些水流现象，例如水跃、环流、冲刷等，涉及水力学理论。

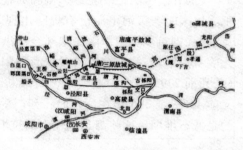

历经千年的郑国渠

《管子·地员》认为水为"万物之本源"，水的物理特性是"万物之准"，治国的关键在于水。此篇还叙述了地下水埋深与土壤种类、植物的关系，涉及地下水知识等。《管子·水地》中则谈到了水质与人的关系。《周礼·匠人》中，提出了以水平定高低、垂球定垂直等测量技术。

2. 勘测规划

除了《管子》记载过关于水利兴建的主要内容外，《左传》中记载有地区水土开发利用的勘测规划性措施，包括测定统计山林、沼泽、土地高低，规划蓄水塘堰、田间灌排系统的方法。在大禹治水的传说中已有勘测、规划等基本技术的原始记载，《尚书·禹贡》中提出全国性水土治理利用的设想。《周礼》中提出田间排灌系统分渠道为5级，还叙述了蓄水、防水、引水、分水、灌水、排水等一系列工程技术。公元前651年，齐桓公于葵丘会盟时，就对建筑堤防立下了"毋曲防"（不筑不合理的提防）的盟约。

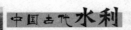

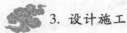 3. 设计施工

《周礼·考工记》中记载了井田灌排各级沟洫的一般尺寸，排水沟15千米加宽一倍，堤防边坡的尺寸为3∶1；并指出沟洫的设计要看水势，使泥沙不淤积；堤防要看地势，使水流不冲刷。《左传》中记载了筑城土工的施工计划和组织，有计算长、宽、高、深以及取土位置、工期、劳动力、费用和粮食的要求，以此作为劳动分工的依据。

《周礼·考工记》记载，沟和堤施工时，必须先把样板段做好才能全面动工。战国时，黄河下游已有堤防出现。《左传》鲁昭公三十年（公元前512年），吴国筑坝壅山水灌徐城（今泗洪南），遂灭徐国；晋出公二十一年（公元前454年），智伯筑坝壅晋水灌晋阳（今太原西南）；战国秦昭王二十八年（公元前279年），白起伐楚，筑堰断鄢水灌鄢郢（今宜城南）；魏文侯（公元前446—前396年在位）时，西门豹在漳河筑12个滚水堰引水灌溉，使用的是低石堆坝。这些都是比较大的筑坝工程。

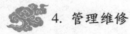 4. 管理维修

在《管子·度地》当中就记载了当时的堤防维修制度、修防巡堤查勘办法，以及冬春在滩地取土、夏秋于堤背取土培修等的施工要求。公元前375—前290年，战国白圭以治水筑堤著名。《韩非子·喻》指出："千丈之堤以蝼蚁之穴溃。白圭之行堤也，塞其穴。"意思是堤防防蚁必须摆在第一位，而白圭在管理维修时，已十分注意对蝼蚁洞穴等微小问题的关注，此书记载了白圭丰富的堤防修守经验。《慎子》记载："治水者茨防决塞。"茨防，后人解释为埽工，是中国特有的一种在护岸、堵口、截流、筑坝等工程中常用的水工建筑物。

秦至东汉时期的水利科技发展

勘测、规划、修堤、堵口、开河施工等水工技术在这一时期都有很大发展。西汉已出现水碓，东汉已有水排、翻车、虹吸等水利机具。重要水利文献有《汉书·沟洫志》等。

1. 基本技术

"水工"在战国末期被专家用来形容水利。秦代有地方官按时上报降水量的规定，东汉及后代也有类似规定；李冰修都江堰建石人水则量水；《淮南子·地形训》记载了灌溉水质和适宜种植的作物；西汉时人们已经认识到多泥沙河流可以进行淤灌，即肥田和改良土壤。除此之外，1 顷陂塘可以灌田 4 顷的经验在这一时期也被人们掌握。

 2. 勘测规划

秦修建都江堰、郑国渠、灵渠以及整顿江河堤防，汉代所修各大工程，都有勘测规划、定线测量和地形测量。西汉时治理黄河时有许多意见，多以规划性意见为主，最鲜明的例子便是贾让治河三策。

 3. 设计施工

这一时期，黄河下游修筑有 500 多千米堤防，并有了石堤、护岸及挑水石坝（石激）等建筑物，还组织了裁弯取直、疏浚等工程。西汉末曾提出蓄洪、滞洪等方案，还曾提出了瓠子堵口，采用的平堵法；王延世东郡堵口采用的是立堵法。唐代有明确记载，竹笼用于都江堰始于秦汉。都江堰用分水鱼嘴，灵渠用分水铧嘴，说明已有早期的分水建筑物。西汉开龙首渠隧道，用竖井分段施工，由此发展为"井渠"，即坎儿井。西汉时期，长安的供水渠建有渡槽。西汉狼汤渠引黄河水的闸门为土木结构，曾开凿了黄河三门砥柱，黄河航道得以改善。东汉汴渠建有数座水门，互相补充，后来多改为石门。王景治浚仪渠时采用的"墕流法"就是后来的堰埭。

 4. 维修管理

西汉时期，黄河已有修防制度，并设有专职管理。汉武帝时制定的"水令"，是农田水利管理方面的法规。元帝时，召信臣开发南阳水利，曾制定"均水约束"刻在田边的石碑上，是灌区的用水条例。汉代设都水长，管理水泉、河、湖及灌溉工程，分属中央及地方。至成帝时，官府设都水使者，并统一领导都水官吏，东汉时又归地方管理。西汉哀帝时曾命息夫

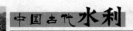
躬"持节领护三辅都水",即有组织管理的对水利进行维修管理,以此开发关中水利。

 5. 水力机具

根据《史记·秦始皇本纪》记载,秦汉时期即已出现比桔槔复杂的提水机具。西汉时水碓用于谷物加工,而东汉初水排用于冶铁鼓风。东汉科学家张衡制造了水转浑天仪。除此之外,东汉末年还有关于翻车、渴乌(虹吸管)的有关记载。

魏晋南北朝时期的水利科技发展

魏晋南北朝时期,黄河地区成为群雄逐鹿的主战场,进行了长达300年的混战,促使中原地区的官民大量南迁。这时,南方政权相对稳定一些,水利工程建设取得了一定进展。

 1. 理论技术

此时,水利科技理论并没有取得多大的进展。但到了东汉建安年间高诱注解《吕氏春秋·圜道》时,明确指出了水文循环的过程。

 2. 勘测规划

曹魏正始年间(240—248年),官府开始全面规划并大兴水利,范围逐渐扩大至数百里。西晋杜预根据气候变化、涝灾增加的实情,建议废除这些工程,排除溃水。北魏(517年)崔楷提出海河水系下游幽、冀、瀛等州的排洪溃涝规划,建议新建排水沟渠、堤堰等系统,构成一个排水网,水口要多,能冲洗盐碱,排干沼泽;实施前要勘测、规划,并提出收效后在低地种植水稻、高地种植桑麻的开发利用规划。

 3. 设计施工

浙东农田水利在直接入海的小河流上筑堰闸,御咸潮蓄淡水灌溉已开始发展。江浙一带的人工运河,例如三国吴时的破岗渎,修建系列堰埭蓄水、平水，是早期的渠化工程。南北朝时，人们在天然河流上普遍设堰埭行船。邗沟上也有一连串堰埭。南朝梁天监十五年（516 年），筑拦淮大坝浮山堰，用雍水灌寿阳（今安徽寿县城），堰长 4.5 千米，高 20 丈，用二十几万人修了两年多，曾向龙口抛了几千万斤铁器护坝脚，是淮河干流上修建的第一座拦河坝。这一时期，大大小小各水系都成为作战的重要方式。

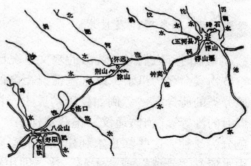

浮山堰位置示意图

4. 管理维修

曹魏在淮颍流域军事屯田兴办的水利，北魏在黄河上游军事屯田兴办的水利等都是军事管理。南方河渠上政府兴建的大量堰埭，都设官吏收税，是当时国库的一大笔收入。除此之外，即使私人拥有的水利也同样有人管理收费。

5. 水利机具及其他

曹魏时马钧发明翻车，又发明大木轮。这种大木轮以水发动，带动木人击鼓吹箫，跳丸掷剑，"百官行署，春磨斗鸡，变化百端"，已经具备了水利机具的完整形态。南方河渠上的堰埭过船时，用人力或畜力拉船过堰，亦有简单机具，是原始的斜面升船机。当时南方航运发达，有载重 2 万斤的大船。南齐祖冲之创造了脚踏机船。东晋时人们还创造了莲花漏。

隋唐北宋时期的水利科技发展

到了隋唐北宋朝的几百年间，全国范围内出现了基本稳定的政治局面，为水利发展提供了有利的条件。其中防洪、灌溉、航运建设都取得了重大的成就。

1. 基本理论及技术

北宋时，人们对于黄河的水文情况已经有了较为深入的了解，提出了以季节物候命名的汛水，以水流情况命名的水势，以及按照物理性质或化学性质分类的所含泥沙。例如夏天的胶土，初秋的黄亜土，深秋的白亜土，霜降以后的沙等。《河防通议》记载黄河的"土性与色"，按土性质分为 7 种，按色分为 5 种，这些都是水利建设者们必须掌握的基础知识。宋代，人们测河中水流有"浮瓢"或"木鹅"法，即用铁脚木鹅顺流漂下，探沿程深浅；或用多数浮漂至干支流同时放入，测水流的相对快慢，量河流水面高差；还有沿河边掘井量井水面高低法，以及沿河引水外出以多层小堰拦蓄量堰水高差法。北宋时已有初步的流量概念，唐宋测量已有类似现代的较简单的水平仪和经纬仪。

2. 勘测规划

长江下游及太湖流域湖泊水面的开发在唐宋两代为纵横塘浦，形成水网，中间筑圩田或围田。唐代以屯田等方式兴修水利；北宋人提出治田、开港浦海口置闸等规划，又有人提出以疏泄为主的治理太湖流域规划。邗沟及江南运河的通航，常"以塘（湖泊）潴水，以坝（堰埭）止水，以澳（人工池塘）归水，以堰（溢流堰）节水，以涵（涵洞）泄水，以闸时其纵闭，使水深广可容舟"，可以较为有效地运用完整的工程体系。

3. 设计施工

唐宋运河上的水工建筑物最为完备。唐玄宗时，在长安城东修成广运潭为停泊港，并于武后时开成。为避黄河行船之险，在开元天宝初年，人们在黄河航道上的三门砥柱岸曾开凿新河。隋代于古汴口筑梁公堰引黄河水入汴河，唐代重修，建石斗门引水，斗门上建木阁，架木桥。邗沟南端也有两斗门和梁公堰斗门相似。北宋汴河口设"石限"，限制泥沙和洪水侵入。宋都东京（开封）以西建有若干减水斗门，泄洪放淤；汴京近郊有横跨河上的金水河渡槽和官营磨茶用的几处大水磨。汴水流急，北宋中期把汴河桥梁都改成"飞梁无柱"的拱桥，河内设有桥柱或桥墩，以防碰撞行船。汴京的西段曾用碎砖，"虚堤"即由碎石筑成，引渗水外出蓄积备用。元丰年间（1078—1085年）引洛水为源修清汴工程，河旁利用陂塘蓄水接济运河，取名水柜。淮扬运河（淮阴到扬州）、真扬运河（仪征到扬州）及江南运河闸坝建筑物最多。北宋雍熙年间（984年）出现了类似现代船闸的复闸。之后，又有带积水澳和归水澳的澳闸，普遍推广到江南、江北运河段。临江各闸又建有拦潮闸，拦蓄江潮济运。淮扬运河有蓄水济运的扬州五塘。北宋末，这一段蓄泄河水的石跶和斗门不下七八十座。在灵渠上，唐代李渤时设置了斗门，鱼孟威时设斗门18座，北宋时发展为36座。

唐代长安、洛阳、北宋汴京都有以漕运和供水为主的城市水利工程。在此期间，黄河埽工（中国古代创造的以梢料、苇、秸和土石分层捆束制成的河工建筑物，可用于护岸、堵口和筑坝等）已很成熟，能控制长、高各数丈的埽个（埽工的每一构件叫埽个或埽捆，简称埽）。护岸工程也有锯牙、木岸、木笼、马头等多种类型。堤防已有遥堤、缕堤、月堤等名，以及按照距河远近的分类，堰坝也有软硬之分。

农田水利方面，唐代郑白渠渠首有长、宽各百步的将军䂞（拦河壅水石坝）分遏泾水。到了北宋，人们将其改为每年拆修的木稍堰。唐代渠道横穿水道用平交法，以斗门节制。北宋太湖塘浦工程已有于水中就地取泥的筑塘法。它山堰建于唐代，渠首是一座空心坝。唐宋放淤肥田，宋熙宁年间已有方格放淤法。北宋嘉祐年间，山西引山洪淤灌，已有相关的技术总结。

这一时期，海塘、海堤迅速发展，其中，以钱塘江两岸最为宏伟壮观，由土塘发展为柴塘，埽工塘，竹笼石塘以至砌石塘。

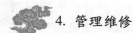

4. 管理维修

现存唐代水利法规有残书《水部式》，包括若干水利管理条文。北宋开发农田水利的规定有《农田水利约束》。唐代对关中水利管理最严，由京兆少尹负责，下设渠塘使。在京兆少尹负责的过程中曾多次拆除郑白渠上的水碾，最多一次曾拆除了数十座。唐宋黄河、汴渠都有岁修制度。宋代规定每年秋冬备料，春天增修堤防，汴渠还要修浚。唐宋大运河漕运主要采用"转搬"制度，即以江河船只构造不同分段运输，如江淮船不入汴、汴船不入黄等。汴渠引黄多泥沙，宽浅多沙，因此不能设堰闸。宋代曾筑木岸，束窄河道，冲刷泥沙，以整理航道。宋代黄、汴岁修堤防检查土工质量，采用的是锥探法。

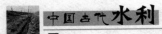

5. 水利机具及其他

唐宋时期的水碾、水磨技术已经发展到了极高的水平，大者如唐天宝七年（748年）高力士在沣水上作碾，有五轮同转，"日破麦三百斛"。北宋东京附近有官设磨、茶水磨多处。长葛等处，一次增修水磨就有260余座。隋唐已有高转筒车。北宋江南运河有一种木涵洞，中设"铜轮刀"，水冲轮转，可以切割机草，是一种类似水轮机的工具。唐宋时还制造了水运仪象台。北宋时期，人们试用过一些疏浚黄、汴的机械，例如熙宁中的铁龙爪、扬泥车及浚川耙等，但效果不佳。

南宋、元、明时期的水利科技发展

1. 基本理论及技术

自北宋以来河湖已普遍安置水则，有木、石两种，还曾通过地形测量以一个标准水则控制大面积上的水深。南宋各州县普遍设置量雨器。元代郭守敬最早提出"海拔"的概念，用于水利勘测。明代时已有包括锥手、步弓、水平、画匠在内的测量队组织。

2. 勘测设计

郭守敬首次自宁夏溯流探河源，沿流而下至山西以北，勘查航道及河道可修复的古渠；又自中游孟门以下沿黄河故道，纵横数百里，测量地形，规划分洪及灌溉渠道，绘图阐述意见。至元十二年（1275年），他又勘测了汶、泗、卫等河与黄河故道之间的广大地区，规划开运河行漕运，后遂开成会通河。元至正年间，贾鲁治河也是先勘测绘图后才提出水利建设的方案。明代白昂、徐有贞及刘大夏治河，首先都有勘测规划。

3. 设计施工

元代时，沙克什著有《河防通议》，编辑宋、金防河旧制，分为6章。其中制度、料例、功程、输运、算法5章都是关于设计、施工的内容。《王祯农书》列水利田 9 种，田间工程十余种，都是总结前代的水利工程技术成就。

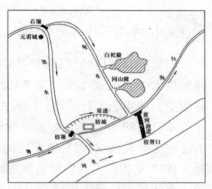
枋头堰位置示意图

元代引沁水灌溉的广济渠有拦沁河的大型滚水石堰，引泾水灌溉的丰利渠渠首有大型石囷堰。石囷堰在元代亦应用于修筑海塘。都江堰鱼嘴曾用铁 1.6 万斤铸为铁龟，堰亦曾改为石砌，并跨内外二江筑石闸门。明代亦曾筑铁牛为鱼嘴。明代钱塘江海塘已有五纵五横鱼鳞鱼塘。贾鲁治河于汛期施工，用石船堤挑水。郭守敬修通惠河，引昌平泉水建成白浮瓮山河，与现代京密引水渠渠线设计基本一致。明代，宋礼和白英建南旺分水，在设计方面也做出了突出的成就。

4. 管理维修

元代，京杭运河已经有了管理制度，例如限制大船进入会通河等。明代陈瑄自长江边至通州设铺 500 余处、闸四五十处。除此之外，还设有浅夫（疏浚沟渠、打捞沉船的夫役）等管理维修，并且制定了漕运制度，管理运用制度已较完备。

《河防通议》记载了金代黄河修防的《河防令》，共 10 条。明代设总理河道，专司黄河、运河修防，下设一系列官吏、吏役，并定有制度。元代李好问的《长安图志·泾渠图说》记载有泾渠管理条例。

5. 水利机具及其他

唐代李皋创造的脚踏机船原为两轮，南宋初已发展至 16 轮，并且还出现了手摇的轮船。元代的《王祯农书》总结前人成果，记有提水工具 7 种、水力机具 8 种及计时用漏 1 种，其中还包括王祯自己的创造。

明末清初时期的水利科技发展

明末清初，西方传教士引入欧洲水利技术，水利兴修技术与理论均产生了变化。

 1. 基本理论及基本技术

明隆庆、万历时（1567—1620 年），人们对泥沙性质有了更多认识，潘季驯提出了"束水攻沙"及"放淤固滩"等理论。清康熙年间，陈潢提出流量概念，并用于工程设计。同治四年（1865 年）汉口始设长江水位站，光绪十五年（1889 年）始用新法测黄河图。永定河在光绪三十四年（1908 年）设置了河工研究所。1915 年成立河海工程专门学校。1918 年设泺口黄河水文站。1923 年德国人恩格斯始做黄河模型试验。到了 1933 年，在天津成立中国第一个水工试验所。1935 年在南京成立中央水工试验所。

 2. 勘测规划

明朝万历年间，潘季驯提出统一治理黄淮下游及运河的规划。清乾隆时，胡定提出黄河上游水土保持意见。光绪二十四年（1898 年）比利时工程师卢法尔勘测黄河；次年，他又提出了下游治理、上游水土保持，进行测绘及水文测验等规划性意见；1931 年编成导淮计划及永定河治本计划。李仪祉等采用近代水利科学原理提出上下游全面治黄意见。

 3. 设计施工

此后，潘季驯筑成了洪泽湖水库，并于黄河下游修成遥堤、缕堤、月堤等一系列堤防。清康熙年间开中运河（中运河原为发源于山东的泗水下游故河道，后为黄河所夺，又为南北漕运所经，成为大运河的一部分）后，黄河、淮河、运河在清口会合。为了通航和遏制黄河水倒灌，在清口做了大量堤坝、引河等工程。黄河埽工到清代已得到充分发展，按做法可分为两类，按形状可分为 9 类，按作用可分为 4 类，按所在位置可分为 5 类，按用料分也有三四类。埽工按作用、形制、用料等分类也有多种。清中期以后，护岸已采用石工，后来还有砖工。自明代起，黄河及海河水系上开始放淤固堤，到了清中期曾经大量进行。

明末有徐光启的《泰西水法》，介绍了西方先进的水利技术。民国十年（1921 年），利津宫家坝黄河堵口参用西方堵口方法。民国三十六年（1947 年），黄河花园口堵口亦采用西法参以旧法。20 世纪 30 年代初，台湾嘉南大圳及泾惠渠渠首堰都便采用了新法筑堰。

4. 管理维修

明清两代对河防及运河、农田水利都有较完备的管理维修制度。其中有全国性的，也有地区性的。运河运输管理及通航建筑物的运行也都有系统制度。黄河、运河及海河水系清代都设河道总督，下设道、厅、汛等管理机构；其余江河多归地方管理。防洪报汛，已有飞马报汛及皮混沌报汛等方法。到了清宣统元年，黄河上开始用电报报汛。

5. 水利机具及其他

明末，徐光启已介绍了西方的水泵、玉衡和恒升。光绪三十四年（1908年），中国开始建造第一座水电站——云南石龙坝水电站，并于1912年建成。

知识链接

北京昌平古代水利设施中的青石出土

2012年5月，昌平区马池口镇畚岙屯村村民施工时，在一片杨树林里挖出大量青石，当地文委随后介入。

挖出青石的树林位于畚岙屯村北。这里在两年前种上了白杨树，但长势一直不好，出于好奇，村民就在此动土想一探究竟。两天后，村民发现，大石块越挖越多，在南北方向形成延长线。村民将情况上报到昌平区相关部门。区文委介入后，派工作人员实地考察，并组织村民在树林中继续挖掘。

现场破土的地方有两块，相隔一条柏油路。路北侧挖得浅，面积也小，路南侧面积较大，已挖出两三米深。在南侧的坑内，青石阵沟槽分明，呈现为水渠状，石头上有圆的桩眼，还有腐朽的木桩。

畚岙屯村北侧有一条20多米宽的水沟。这条沟绕着村东而过，沟内水少，大片河床种上了庄稼。

"有说是宋朝的，也有说是辽代的。"村支书王舒拉称，除了昌平区文

委外，市文化部门也有人来勘察，工作人员的说法不一，但目前可以肯定是古建，是古代的水利设施。

目前，对于石群的文物价值，还没有定性，尚待相关部门鉴定。

块石头堆砌的水渠埋藏在一片小树林里

第二节
古代水文与水利测量

公元前 20 世纪前，中国就有关于洪水的传说，前 16 世纪有大旱和伊水、洛水干涸等记载。《春秋》也曾记载了大水、大旱、霖涝、暴雨等水文现象。《二十四史》中的《五行志》《本纪》，数千种地方志及其他一些文献中，记载了 2000 多年间的水文现象不下数十万条。

水旱灾害的探索

战国时治水名家白圭（约公元前 375—前 290 年）预测农业收成随水旱 12 年为一变化周期：丰收—收成不好—过渡—旱—收成较好—过渡—丰收—收成不好—过渡—大旱—收成较好—丰收—过渡。早于白圭百余年的计然推测：12 年中有 3 年一丰收，3 年一衰落，3 年一饥荒，3 年一旱；或 6 年一丰收，6 年一旱，12 年一次大饥荒。

水循环

先秦著作《吕氏春秋·圜道》已指出海水上升为云—西行—陆水东流入海的循环。后汉末高诱（约 150—220 年）注《吕氏春秋》更明确地指出：云下降为雨。在《淮南子》中他还注明了水循环的规律分为：地面水—云—雨—地面水；地下水—泉—地面水—云—雨—地面水—地下水。

河道水流

古代单独入海的河叫凟，《管子·度地》称为经水；从大河分出入另一河或海的河流为支水，时有时无的山溪称谷水，汇入大河或海的较小河流称川水，出地不流的称渊水。在《尔雅》中，各级河流按所在地形、水源、水流情况各有专名。它还描述了黄河为"百里一小曲，千里一曲一直"。《管子·度地》在分析水流现象时提出与坡度、冲淤、水跃、环流等相应的现象。《宋史·河渠志》详述一年中各季节的洪枯及一些水流动态。《河防通议》记述了 18 种河流波浪状况。其他河工文献中也有很多关于水势的描述。

水质及泥沙

《管子·水地》提出了水质和人类生活的关系。《淮南子·地形训》提出中国主要河流水质适宜灌溉的农作物。古代北方许多泥沙河流地区都利用泥沙淤灌。西汉的张戎提出了对黄河挟沙量的认识，并称之为"一石水六斗泥"。《宋史·河渠志》把黄河各季节泥沙淤积分为 4 类。《河防通议》又把黄河泥沙分为 7 种土、5 种色和 7 种沙，共 19 种。明代潘季驯等已认识到河床断面流速及挟沙能力的关系，提出"束水攻沙"的治黄战略。

地下水及泉

先秦时期，人们已经开始认识到地下有伏流的存在，例如黄河自昆仑山至今河源处伏流数十里，济水多次隐、现等。《尔雅》等书将泉水按出流形式分为七八种。《管子·地员》记载了各类土壤、各种地形的地下水埋深情况，并以"施"（7米）为计算单位：把平原土壤分成5类，埋深自1~5施；丘陵、山区分成16类，埋深自6~20施；把山丘的泉分为5类，埋深自2~21施。明末，徐光启引进西方水法，提出探测泉脉的4种简易办法和饮用泉水水质与土质的关系。清朝，乾隆皇帝曾下令让人测定了各地名泉泉水的比重。

水位观测

先秦时期，已有了雨量及水位的测定。战国时，秦国《田律》已规定地方官吏需及时上报雨量及受益、受害田亩。汉、唐、宋也都有类似的规定。南宋数学家秦九韶提出各种量雨器计算雨、雪数量的方法。金、明、清亦沿用上报雨泽的制度，明、清还用以预测洪水及准备防汛。清代北京观象台有逐日逐时记录降水的制度，现存《晴雨录》就记录了雍正二年（1724年）至光绪二十九年（1903年）共180多年的观测记录。

古代观测水位的水标尺叫水则或水志。战国时李冰修都江堰时立三个石人作为水则，后代演变为在水边山石上刻画线条标记，后代大江大河上也常在石崖刻记观测到的大洪水水位。北宋时大量设立河、湖水则。宋神宗熙宁八年（1075年），重要河流上已有记录每天水位的"水历"。宋徽宗宣和二年（1120年），朝廷命令太湖流域各处立水则碑。苏州吴江县长桥水则碑大致立于此时，用以记录太湖向吴淞江出口的水位，根据这个水位可以判断农田有无水灾。南宋宝祐四年至六年（1256—1258年），庆元城（今宁波市）内改进旧水尺，并率定水位与四乡农田淹没的关系，用以启闭沿江海排水闸。明代浙江绍兴三江闸也有类似水则。清代，长江、淮河、黄河、海河上都多处设置水则，用以向下游报汛。山东微山湖口设水志用以控制蓄水或向运河供水，洪泽湖高家堰水志用来控制排泄淮河洪水。

古代还常用水中岩石来刻画水位，例如长江中的涪陵石鱼，上面刻画有唐代广德二年（764年）以来的枯水位及有关题刻。沿海还用石刻记载潮水位涨落的高低。北宋时举物候为水势之名，描述水情：有立春后的"信水"，二月、三月的"桃花水"，四月的"麦黄水"，五月的"瓜蔓水"，六月的"矾山水"，七月的"豆华水"，八月的"荻苗水"，九月的"登高水"，十月的"复槽水"，十一月、十二月的"蹙凌水"等。

从北宋起，有了流量的测算。元丰元年（1078 年）已有记载用水流断面计量过水量，也首考虑到了流速的不同。元代以过水断面一方尺为一徽来计算水程（相当于流量）。清康熙年间，陈潢提出以每单位时间过水若干立方丈为过水量单位。康熙皇帝提出过闸水量的计算应"先量闸口阔狭，计一秒所流几何"，已与现代流量概念相同。乾隆年间，何梦瑶提出用木轮测水面流速的方法。

涪陵石鱼

　　现代所用的观测方法，大多源自西方。清道光二十一年（1841 年），北京已有雨量的定量观测。同治七年（1868 年），长江在汉口设水文站。各大江河设水文站多始于民国时期。

知识链接

涪陵石鱼

　　古代长江中游枯水位的石刻标志。位于四川涪陵县北长江江心的白鹤梁上，由西向东长 1600 米以上，与长江流向平行，南北宽 10～15 米，常年淹没在水下，只在某些年份冬春水位最低时，才露出江心。在梁的倾斜面上是鱼形图案与文字题记纵横交错的石刻群。已发现的鱼图中有三条是康熙二十四年（1685 年）刻的清代双鱼，以及根据宋代题记上溯唐广德二年（764 年）以前所刻鱼图，具有相当于现代水尺的作用，是历代记录不同年代不同枯水位的固定标志。在已发现的宋元明清约 160 余条题记中，除记年月外，往往记有"双鱼已见，水至此鱼下五米，水去鱼下七米"等字样，留下一批长达千年以上可供分析研究的枯水位宝贵记录。

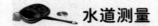

水道测量

水道测量是指中国古代适用于水利工程建设和管理的量测技术。

先秦时我国已有了直线距离、水平高差和俯仰角度等方面的测量实践。晋代已有了制图学。唐代已有水平仪的详细描述，并且被广泛使用。北宋时，沈括（1031—1095年）提出当时测量汴河纵剖面常用的水平、望尺（有刻度的窥管，相当于今经纬仪）和千米（度竿）的方法误差较大。于是他采用引河水外出，逐建了大量梯级小堰，堵水灌平，级级相承，量堰上下水面高差，即可求得河段或全河的水面高差，进而可量得河身纵坡。元代郭守敬为了测定黄河、海河两水系的高差，提出以海平面为测量基准，实际是海拔的概念。

隋代已用铁脚木鹅漂浮下行或拖曳前进来进行量测河床起伏，有无浅阻；量测河渠横断面一般直接度量宽深求得。明代开渠曾用过一种木轮车，上装有量面宽、中间宽和底宽的三条横杆，在已开成的渠道中拖拉前进，断面尺寸是否符合规定即可测出。明代开河测开挖土方与现代方法相同。测新筑土堤是否密实，北宋时已用锥探法，元代的《河防通议》详细记述了宋金时所用的测算各种工程量的方法。

流量测定测验方法

据秦九韶记载，南宋时州县通用的量雨器叫天池盆，一种是口大底小的圆桶，另一种是口小腹大底更小的圆罐，量雪则用圆竹箩。此外他还提出折算平地雨深和雪深的方法。近代朝鲜还保存有中国乾隆时的铜质量雨器。测量水位，战国时李冰在都江堰立石人水则，是用水位至石人身体的某个部位如脚、腰、胸等来衡量水深，后代变为刻画。还有的以题刻标识，并且以水位至某字处来表示水量的大小。测定地下水位，除直接掘井外，在河边即以河水位为准；反之，亦可用河旁小井来定河水位。测定流量，宋代已有用浮瓢的办法。元代以徼（中国古代以水流断面积计算流量时采用的单位）定流量，是在固定断面处量水深。清代用木板量水面流速。关于测定渠水分流时的分水比例，秦九韶提出了测算灌溉分水量的方法，但这种方法误差比较大。清乾隆年间，陆耀曾测定京杭运河南旺分水的南北流比例，采用的方法，是取南北河道长度相等、河宽相近的各一段，分别灌水，各灌至同样深度，利用它们各自经过的时间来确定。

北宋年间，在开凿丰利渠时，人们曾提出用水量法估算从而计算出灌溉面积，即以一昼夜可灌溉的亩数乘以可灌时间。如能充分利用，一年可灌时间就是360昼夜。

地下水由于含矿物质不同而比重不同，清代乾隆时期曾用特制银斗称量北京玉泉山的泉水，每斗重为一两；又遍测各地名泉水的比重，每斗最重的是南京清凉山、太湖白沙、苏州虎丘及北京碧云寺，每斗重皆为一两一分；称量雪水的重量为九钱九分七厘。由此可见，古代对预测水情、雨情都积累了丰富的经验。

水力仪器

古代人利用水的特性和水流的力量为动力，制作了诸如欹器、水平仪、漏壶及水力浑天仪等多种仪器。

欹器又称歌器，是一种灌溉用的汲水罐器，是我国古代劳动人民在生产实践中的创造。欹器有一种奇妙的本领：未装水时略向前倾，待灌入少量水后，罐身就竖起来一些；而一旦灌满水时，罐子就会一下子倾覆过来，把水倒净；尔后又自动复原，等待再次灌水。

漏水转浑天仪是有明确历史记载的世界上第一架用水力发动的天文仪器。在浑天仪中应用到的齿轮机构和凸轮机构十分复杂，这中间的转动如果不使用逐渐减速的齿轮系统，很难做到。远在1800多年前的时候，中国古人就可以造出这样复杂的仪器是很值得自豪的。可惜的是，这套复杂的传动系统因为年代久远没有能够流传下来。

欹器

第三节
平治水土与治沙方略

平治水土的概念

先秦相传的禹平治水土，被后人归纳为因地制宜、因时制宜的普遍开发、综合利用的治水方略，并由井田沟洫的实践发展为沟洫治水。

明代徐光启认为，农业经济开发的关键在于用水，"均水田间，水土相得"，不仅能除旱涝，还可以调节气候；"沟洫纵横，播水于中"，还可以减少江河洪水决溢；"治河垦田，互相表里"，治水和治田相结合。另外，他还建议采取蓄水、引水、调水、保水、提水等措施来"用水之源（泉及山溪），用水之流（引用河水），用水之潴（湖及塘泊），用水之委（潮汐集聚的淡水）"；掘井利用地下水和修水库蓄积地面水。如果利用得当，"天下无一寸不受水利之田"。徐光启认为，治河可自上而下兴修塘泊蓄水，开沟洫于田中容水用水，通过这种方法可减洪，亦可拦沙；如果下游多水，可以修塘浦及圩田。

沟洫的概念

清乾隆年间，晏斯盛曾提出，"沟洫之法，宜古宜今，惟在变通尽利"，并认为靳辅所开沟田，就是古沟洫的变通，现在还可以再变通。宽阔的土地可以开沟田，没条件开沟田的，可以随地势高下，曲折开通，达到能蓄能泄能灌能排的目的。山谷溪涧是天然的沟洫，可筑陂堰，开沟引水，湖塘、潭泉也可开引或提水。当山坡上有泉源的时候可以分层下引，而无泉源的时候多是开池塘，然后层层下灌。坡地可开成梯田，水流陡急可筑陂池节蓄，高地易旱的要灌溉，低地易淹的要预先防治。

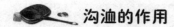 ## 沟洫的作用

 ### 1. 上源拦蓄水土

沟洫系统是水土保持中的一种较复杂的水利措施。明清两代针对黄河、长江的治理都提出过溪涧筑堰节节拦蓄水沙的办法。清康熙年间，许承宣论西北水利时提出，水上源在西北，下流在东南，"用下流利害相半，用上源有利无害，惟不善用则成害"，古代西北富饶是由于沟洫之利。许承宣还强调指出，善用上流之水，要开沟渠，筑堤岸，修梯田，浚陂池，用闸坝节制，用提水排灌。

 ### 2. 下游分散利用

西汉贾让三策的中策是分河通渠冀州。开渠治田，可以填淤盐碱地，可以种稻，还可以通航运。就是在黄河下游用古沟洫法，兼用水土，也可以进行多方面的开发。明嘉靖年间，周用主张沟洫治河，认为沟洫可以蓄水备旱涝，处处有沟洫，处处都能容水，黄河便不会泛滥；人人修沟洫，则意味着人人都在治水，黄河便不会不治，水治则田即可治。治河、治田、备旱三合为一，方法是分散水沙，由群众治理。万历年间，徐贞明论西北水利，认为"河之无患，沟洫其本也"。道理是水聚则为害，散则为利；弃之则为害，用之则为利，"水害之未除正以水利未修"。清人论治河，讲究散水匀沙，认为泥沙平铺散布可以肥田，不致淤积河道。

明末清初，陆世仪曾详细论述长江下游及太湖流域的塘浦及圩田就是多水地区的沟洫制，它可以排灌、通航、除渍涝。洞庭湖、鄱阳湖的圩垸、珠江三角洲的堤围亦是同样的道理。下游沟洫能否解决泥沙问题则有相反的意见。康熙后期，张伯行认为沟洫不能用于黄河下游，因为河中所挟泥沙会随流随淤。嘉庆年间。沈梦兰认为，沟洫到处可用，黄河泥沙多，更应当用。夏秋沟洫分散水沙，冬春挑浚沟洫，取淤泥作肥料，很方便。他还认为，沟洫可备旱涝，取淤肥，通航运，改水田，容洪水。

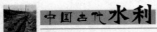
治沙于上源

　　正如用水时兴水利一样，在中国古代对泥沙的治理利用也是水利科技中一项重要的内容。泥沙之害主要是淤积河渠和湖泊等水体。兴泥沙之利可以利用它的化学性质以肥田，利用它的物理性质来淤滩固堤。

关中地形与河流

　　在径流上源拦蓄水沙，保水保土，减少下游沙源，近代称之为水土保持。北宋时沈括已指出了水土侵蚀现象，南宋时已有人提出水土保持的概念。古人提出或采用的保土拦沙措施主要有农林种植措施、涧谷淤地堰坝、引洪淤灌三类。

1. 农林种植措施

　　南宋时已有了梯田的记载，嘉定年间（1208—1224年），魏岘指出树林竹木可固土减沙。元至元六年（1340年），有人指出汶水上游植被为垦田破坏，以致泥沙增多。清人谈及此点的更多，例如道光年间梅曾亮认为森林可以抑流固沙，在此前后，魏源、赵仁基、马征麟等都曾提出植被是治长江泥沙的主要措施之一。

2. 涧谷淤地堰坝

　　清乾隆八年（1743年），御史胡定提出，治黄河泥沙要在支流上源于谷涧出口处筑堤坝，由此，便可拦沙成田。

3. 引山洪淤灌及放淤

　　陕西引山洪淤灌相传始于先秦，山西引山洪淤灌可以追溯到西晋，唐初已有明确记载。北宋称雨后山洪为"天河水"，绛州正平县（今新绛县）曾引淤肥田500顷；河东路（约相当于今山西省）九州26县淤田4000余顷，还恢复旧田5800余顷。嘉祐五年（1060年）程师孟曾总结成《水利图经》

两卷。下至明清，山西尚以降雨后"骤涨之浊潦"为主要淤灌水源。据对清同治年间（1862—1874 年）的不完全统计，汾河流域等 24 个县都有淤灌，其中 12 个县淤灌田地在 6000 顷以上。这种淤灌或放淤，北方各省，东自山东，西至甘肃，都有实施。

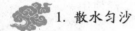 **下游治沙**

河流是运输泥沙的通道。中国北方河流含沙量大，河道善淤善决善徙，于是有河流治沙之始。而到了下游则多为洪涝，土地也易盐碱化，于是有农田用沙之需。引浑水为运河水源，亦苦于淤积，难以行船，于是有运河中处理泥沙的工程措施之必要。中国古代北方多沙河流在未建堤防以前，沙淤则河溢，河水携沙外流，埋没良田；堤防决溢也会产生同样的后果。因此，为了保护良田，防止决溢成灾，从而有了治沙之事。

中国古代常用的治沙方略，归纳起来大致有五种：散水匀沙、束水攻沙、放淤固堤、引洪淤灌和以清释浑。

1. 散水匀沙

散水匀沙作为治河的一种方案，最典型的例子是清代康熙年间在海河水系的永定河、漳河、滹沱河等多沙河流的治理。当时因筑堤防后决溢不断，筑堤不如无堤的议论很多，理由是有堤防则水走一道，不能散沙，河道以致淤高，于是就决溢成灾；无堤仅在伏秋大水漫流，水散而浅，不为大灾，泥沙匀铺肥田，"一水一麦"可以补偿，而无河道决溢之患，趋利而避害。

此外，有人还主张宽筑遥堤，让浑水在遥堤内散水匀沙，或者筑双重堤防，即遥堤及缕堤，水小走缕堤内，固定河床；水大则有控制地引水落淤在遥、缕二堤之间。明代嘉靖三十七年至隆庆三年（1558—1569 年），黄河自山东曹县至江苏徐州段先决为 11 股，又决为 13 股，纵横数百里，一片汪洋；水散沙匀，主流无定线。

2. 束水攻沙

明隆庆末万历初（1572—1573 年），潘季驯为河道总督，实行"以堤束

水，以水攻沙"的治沙策略。束水工程是一系列堤防，主要目的是稳定河道，以缕堤束水，水流湍急可以刷沙，筑遥堤防御洪水。清代靳辅沿用这一方案，影响直至近代。

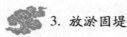 3. 放淤固堤

早在潘季驯之前，已经有了使浊水在滩地落淤保护堤防的简易工程。潘季驯也曾提出滩层自然淤高可以代替缕堤，后来又提出在缕堤、遥堤之间利用横堤或月堤引浊水落淤，加固堤背，或在大堤后筑月堤淤积堤背。清代人沿用这种方法并加以推广，至乾隆、嘉庆时（18世纪早期至19世纪早期）在黄河、永定河、南运河上普遍放淤固堤，道光以后此法使用逐渐减少。

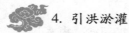 4. 引洪淤灌

大堤背水面有洼地，特别是决口堵塞后，堤背留有原来被冲刷的深潭，可利用洪水时夹带的大量泥沙淤平，这种方法在清代时被广泛使用。

5. 以清释浑

多沙河流若有较清支流引入，可以冲淡浊水浓度，减少沉积，并可冲刷已淤河床。潘季驯筑洪泽湖水库，抬蓄淮水，淮水较清，自清口与黄河合流，以冲刷清口处的泥沙。清代靳辅、陈潢沿用潘季驯"蓄清敌黄"之法，并且明确提出"以清释浑"的治沙概念。

渠道治沙

一般引清水为源的渠道，如果淤积不严重，多用疏浚办法。如是引浑水为源，则应在渠道中有相应的治沙措施。古代采用的办法有三个：一为疏浚。典型的例子是京杭运河上南旺分水的冬春挑浚及镇江至丹阳段运河的定期疏浚，有专门的规定和管理措施。二为急流挟沙。宋代汴渠比降陡，两岸作"木岸"（木桩梢料护岸）束窄河道，加快流速，增大挟沙能力。三为缓流沉

沙。古代济水分黄河水，首段有流速较缓的荥泽、圃田泽等用以沉沙，所以有"清济、浊河"的对比。

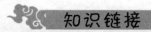

潘季驯束水攻沙

潘季驯在一生四次治河中，不辞辛劳，上到河南，下至南直隶，多次深入工地，"辄车所至，更数千里"，"日与役夫杂处畚锸箕萧间，沐风雨，裹风露"，对黄、淮、运三河提出了综合治理原则："通漕于河，则治河即以治漕；会河于淮，则治淮即以治河；会河、淮而同入于海，则治河、淮即以治海。"在此原则下，他根据黄河含沙量大的特点，又提出了"以河治河，以水攻沙"的治河方策。他在《河议辩惑》中说："黄流最浊，以斗计之，沙居其六，若至伏秋，则水居其二矣。以二升之水载八斗之沙，非极迅溜，必致停滞。""水分则势缓，势缓则沙停，沙停则河饱，尺寸之水皆有沙面，止见其高。水合则势猛，势猛则沙刷，沙刷则河深，寻丈之水皆有河底，止见其卑。筑堤束水，以水攻沙，水不奔溢于两旁，则必直刷乎河底。一定之理，必然之势，此合之所以愈于分也。"

为了达到束水攻沙的目的，潘季驯十分重视堤防的作用。他总结了当时的修堤经验，创造性地把堤防工作分为遥堤、缕堤、格堤、月堤四种，因地制宜地在大河两岸周密布置，配合运用。他对筑堤特别重视质量，提出"必真土而勿杂浮沙，高厚而勿惜居费""逐一锥探土堤"等修堤原则，规定了许多行之有效的修堤措施和检验质量的办法，取得了较好的效果。

第四节
古代排水技术与水工建筑

 古代排水技术

　　古代人民多采用工程措施来排除不利于农作物生长和人民居住的多余水量。在黄河下游，相传大禹采用"决九川距四海，浚畎浍距川"的方法治水，即以排水为主。先秦文献中有许多按季节开沟渎排水的记载。季春之月"时雨将降，下水上腾，循行国邑，周视原野，修利堤防，导达沟渎，开通道路，无有障塞"。夏季雨多，地下水位上升，要事先做好排水准备。西汉贾让治河三策中提到内黄（今河南内黄县西）"有泽方数十里"，被老百姓排水占垦。东汉崔瑗在汲县也曾开沟排涝水，治碱植稻数百顷。西晋束晳建议在河内地区（今河南沁阳、新乡一带）排水垦殖和引水灌溉。

　　北魏中期（517 年左右），崔楷根据黄河下游地区的情况提出了大面积的排涝规划。他认为，积涝成灾，主要是由于这一带河道弯曲，沟渠太小，排水不畅所致；建议开挖新的排水系统，冲洗盐碱，排干沼泽，但工程实施半途因故停工。

　　唐代前期，各地政府曾在沧州（约当今沧州地区）一带开辟多条排水河道。例如永徽元年（650 年）薛大鼎在沧州开鬲津河；开元年间（731—741年）开凿无棣河、阳通河、毛河和靳河，排泄海河南系河流的夏涝。北宋时期也曾对广袤的河北塘泊实施工程控制。直到近代，排水始终是海河水利的重要内容。

　　西汉成帝时，曾排干鸿隙陂（位于今淮河干流与南汝河之间的今河南省正阳县和息县一带的古代大型蓄水灌溉工程）进行垦殖。西晋时期淮水流域

成都春熙路古代排水系统

频发水灾，咸宁四年（278 年）根据杜预的建议，把曹魏以后修建的质量较差的多数陂塘以及天然沼泽苇塘等废弃排干。但是下至近代，这一带排水仍是重要问题。北宋时期，开封东南颍、涡等流域的排水工程也有不少，宿、亳、陈（今安徽省北部一带）、颍（治今阜阳）等州都有。天圣二年（1024年），开封府主管官员张君平为本区排水工作制定了八项政策性和技术性的规定，并得到批准实施。元代以后黄河在这一地区泛滥，水系淤堵，后代兴修了不少排水工程。

关于对汉水下游以及长江中游湖泊地区的开发，排水也是最主要的措施。著名的排水工程如江陵北部在南北朝时往往蓄水防御北兵。唐代贞元八年（792 年）曾排干开田 5000 顷。南宋又筑成三海八柜蓄水，以抗金兵。元初廉希宪又排干开田数百万亩。长江下游、太湖流域和浙东地区在垦湖为田时都有排水措施。南北朝时太湖流域已提出排水问题，唐宋至近代开河浚浦仍是主要工程，大小不下数千次。南至闽粤等省亦有许多排水工程。

古代城市排水系统也有较高水平。战国阳城（今河南省登封东南 20 千米）和秦国都城咸阳（今咸阳东 20 千米）已出现了较完善的地下排水系统。

唐代长安城有按街区布置的排水明渠系统。北宋东京（开封），地势平坦，众水所汇，城内修建了一套完整的排水系统，与郊区系统相接，达到了"雨涝暴集，无所壅遏"的程度。元代大都（今北京城）的砖砌地下水道系统更是达到了相当高的水平。

中国古代堰坝

中国古代堰坝，是古代蓄水工程和引水工程中的壅水建筑物。

中国古代的堰坝建设始于大约 5000 年前。当时农业已成为社会的经济基础，为方便生产、生活，人们集体居住在河流和湖泊岸边的阶地上。但河湖的泛溢给人们带来了灾难，于是，人们在"自然堤"的启示下开始修筑防洪堤埂，以保护自己。这些原始工程的不断发展完善，逐渐形成了不同标准的河堤和护村堤埝（用土筑成的小堤或副堤）。"壅防百川，堕高堙庳"和"鲧作城"的传说记载反映了这段历史。随着生产的发展，水利工程的挡水功能被用来蓄水灌溉农田，所以，早期的堤与坝是难以分开的。

这些早期蓄水工程以堤坝提高低洼地带的蓄水能力，形成平原水库。当时的堤坝很长，有的呈直线，有的呈曲线，有的是马蹄形，甚至有的是圈堤，而它的高和宽尺寸都较小。由于人口不断增加，生产力不断发展，这样的水库逐渐被垦殖挤占，数目越来越少。现在仍然保留着的安徽省寿县的安丰塘，古称芍陂，一般被认为建于春秋时的楚庄王十六年至二十三年（公元前598—前591年），是有文字记载的最早的蓄水工程。据《水经注》记载，在今淮河中下游和长江支流的唐白河流域，也曾有大片的平原水库。

平原水库工程量较大，而直接利用天然山丘间的沟谷洼地蓄水，则可以减少工程量和淹没损失，这时坝的高度和宽度仍较小。汉代建造的今河南省泌阳县的马仁陂、江苏省仪征县的陈公塘和唐代扩建的浙江省鄞县的东钱湖等都属这类，有些工程的使用时间延续长达 2000 年之久。

历史上建造数量最多的坝还是引水工程中的坝。《水经注》中就记载了多处这样的坝，也称堰、堨竭、碛等。文献中记载最早的有坝取水的工程是智伯渠，建于公元前 453 年。此后，引漳十二渠的梯级堰坝、灵渠上的拦湘大坝和戾陵堰相继出现，广泛地用于农田水利、城市供水和航运水源等方面，保存到现在的也很多。

南北朝时在淮河干流上建造浮山堰，明代在其下游开始修筑高家堰。后者是古代最大的堰坝，因为它形成了蓄水 130 亿立方米的洪泽湖，成为我国五大淡水湖之一。

古代堰坝的类型根据筑坝材料可分为土坝、木坝、草土坝、灰坝、木笼填石坝等 5 种，根据筑坝方式可分为支墩坝、砌石坝、砌土夯混合坝、堆石坝等 4 种。

 知识链接

木笼填石坝

汉代就出现了木笼装石筑成的水工建筑物。到了三国时期，北京石景山旁湿水（今永定河）上修建的戾陵堰是明确记载的早期木笼填石拦河坝。古代关中地区常用一种叫石囷的筑坝构件，是用竹、木条等梢料编成的圆形大筐，内装石块，一般直径在 3 米以下，高 3 米左右。浙江沿海用来建造海塘的同样构件叫石囤。此外，在南方的坝工中还经常采用竹笼填石结构。这些都是古代木笼填石坝的基本构件。

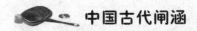 **中国古代闸涵**

古代水闸，也称水门、斗门、陡门、牐或碶，是建在河床或河湖岸边用闸门控制水位、取水或泄水的建筑物。古代涵洞也称水函、水窦，是埋在填土（主要是堤防或堤岸）下面的过水建筑物。

早在 4000 多年前，中国古代就有了治水活动，人们对有控制的引水和排水需要愈益迫切，因此水闸的出现是必然的。西汉元帝时（公元前 48—前 33 年），召信臣组织大修南阳水利，"起水门提阏凡数十处"，说明在这时已能够大量修筑和使用水闸。稍后，贾让在阐述治河三策时也谈到"可从淇口以东为石堤，多张水门"，在黄河下游"旱则开东方下水门溉冀州，水则开西方高

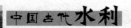
水门分河流"。这种水闸属于已经能大量建造引水或泄洪的类型。东汉王景治理黄河时，"商度地势，凿山阜，破砥碛，直截沟涧，防遏冲要，疏决壅积，十里立一水门，令更相洄注，无复溃漏之患"，把建水闸作为一项重要的工程措施。这时的水闸建造数量多，且使用控制灵活，是成功治理黄河的一个重要保证。三国时，曹魏在今北京郊区造戾陵堰，灌溉农田，其引水口建引水闸一座，门宽4丈，立水9米，使用效果良好。

在北魏时成书的《水经注》中，大量地记载了河湖和不少水利工程中的水闸，反映出当时水闸的使用不仅在数量上而且在类型上都有很大发展。唐宋时，水闸使用更为普遍，用在水利工程的许多方面，据《宋史·河渠志》记载，在淮扬运河（邗沟）和江南运河上曾建各种闸79座，包括进水闸、排水闸和通航闸。元明清时，水闸被更广泛地应用在水利工程的各种功用上，包括在黄河上的引水和泄水。

此外古代涵洞的使用也很广泛。春秋战国时，许多城市城墙下都设有入

淅川陶岔引水闸

水和出水的涵洞，并有埋在地下的陶制下水管道。唐代白居易治理西湖时，就用埋在地下的竹管向杭州城内供水，后来又发展为瓦管和石砌方涵。此后，在河湖堤防上也常构筑石砌或木制涵洞，用以引水灌溉。

据贾让治河三策中的描述，荥阳运河上的水门是用木与土造构而成的。自汉代开始有用石砌筑水门的，此后一直是木、石、土皆用。宋代以后一般水闸都用石砌，一直保存到现代。早期水闸的闸门未见记载，唐宋以后，大部分闸门用木制叠梁，有个别是整体提升式。明清时，高家堰和淮扬运河东堤上曾建造了多座溢洪石坝，为平时蓄水，石坝顶常加封土，用以抬高水位，汛期为加大泄量将封土冲除。这种封土相当于土制的闸门，开闭笨重，但在开闭不频繁的地方还可使用。灵渠上的闸门则是由竹杠和竹编构成的。

古代涵洞的结构可以分为竹木、陶制和石砌 3 种。古代水闸用途广泛，主要可分为如下 7 类：

（1）引水闸。即进水闸，广泛地用在灌溉、通航、供水等渠道的首部，在各类水闸中为数最多。著名的引水闸，如南阳六门堰工程的六水门、广西灵渠上的南陡和北陡、北京戾陵堰的引水水门等。

（2）节制闸。节制闸是指横断河床节制水流的闸，历史上为数不多。浙江绍兴的三江闸就是一座大型的节制闸，有 28 孔，总长 108 米，在河网中蓄水达 2 亿立方米。

（3）泄水闸。泄水闸是指排泄多余的水而设的水闸，在历史上也常有出现。宁夏各渠引水闸之前，有滚水坝和泄水闸，以便把引水闸前引入的多余水量重新泄入黄河，以保证入闸流量不超过渠道的过流能力。

（4）分洪闸。分洪闸是指分泄河流或湖泊洪水的水闸，在中国古代数量较多。贾让治河三策中所述向西分洪就有多座水门。宋代汴渠为保证都城东京（开封）的防洪安全，在其上游设若干斗门，向岸边洼地分泄洪水。

（5）挡潮闸。挡潮闸是指为阻挡潮水不沿河流上溯为害的水闸，多建在浙江与福建，通常也是节制闸，例如三江闸。挡潮闸的另一重要作用就是挡潮，因此，也被归为御咸蓄淡工程。

（6）冲沙闸。冲沙闸是指为冲除泥沙所设的闸，中国历史上也多有建造。福建木兰陂，元代曾建冲沙闸一座，底板比并排的泄水闸门底板略低，一直保留到现在。浙江宁波它山堰有回沙闸一座，共 3 孔，用以减少入引水渠的沙量，是一种特殊的控制泥沙的闸。

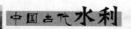
（7）通航闸。古代通航闸的结构与一般水闸相同，两三座成组，共同调度使用的，相当于现代的船闸。也有的通航闸兼有引水、引潮的作用。

古代水库

人们将河道、山谷、低洼地及地下透水层修建挡水坝或堤堰、隔水墙，形成蓄水集水体的人工建筑称为水库。水库用于拦蓄洪水、调节径流、调整坡降、集中落差、拦截地下水，以满足防洪、发电、灌溉、航运、供水、养殖、环境保护、旅游等的需要。

作为水库雏形的蓄水工程在中国出现很早。2500年前在安徽寿县修建了大型平原水库——芍陂。2000年前在河南正阳一带修建了规模更大的鸿隙陂。秦汉时期在汉水流域的丘陵地区还修建了长藤结瓜式的水库群，陂渠串联，层层调节。东汉时期在江南出现了鉴湖、练湖等水库。水库不仅能灌溉、防

芍陂水库

洪，后来还发展到可以接济运河用水。

古代水库工程均具备挡水建筑、溢洪建筑、取水建筑等几个基本部分。明末徐光启所著的《农政全书》中最早提到了"水库"二字，原指经过人工修筑、下不渗漏、上不甚蒸发的积水池，主要用于供人畜用水及灌溉，与现在的水库功能不完全相同。由于技术的发展和社会的进步，现代水库的规模（坝高、蓄水容积）越来越大，类型（河谷、平原、地下）越来越多，并向多种用途（除害、兴利、环境保护）发展。

在水利建设中，水库是最常见的工程措施之一。按其所在位置和形成条件，水库通常可分为山谷水库、平原水库和地下水库三类。

 1. 山谷水库

山谷水库多是用拦河坝横断河谷，拦截河床径流，抬高水位形成的。在高原和山区修建引水、提水工程，将河水或泉水引入山谷、洼地形成的水库，也是山谷水库的一种类型。

山谷水库是水库中最主要的类型。早期修建的山谷水库多为单一用途的小型水库，20世纪以来修建的水库多为两种或两种以上用途的综合利用水库，有些规模巨大。在20世纪50年代以前中国修建的水库并不多，绝大部分规模很小。此后在一些主要河流上修建了一大批大型（库容1亿立方米以上）、中型（库容0.1亿~1亿立方米）、小型（库容0.001亿~0.1亿立方米）水库，至1997年已建水库（含平原水库）共有8万余座（其中大型水库397座），总库容共计4583亿立方米（其中大型水库总库容3267亿立方米），库容达100亿立方米以上的有8座。已建成的三峡水利枢纽水库举世瞩目，总库容达340亿立方米，是中国最大的水库。

山谷水库的规模和各时期的运用水位及调度方式，要根据水库的水文、地形、地质等特性和用水部门的要求，通过技术经济分析计算后确定。除要考虑额外水量损失外，这类水库靠抬高水位取得库容，还要十分重视水库形成后引起的库区淹没、泥沙冲淤和生态环境等方面的问题。

 2. 平原水库

这种水库是指在平原地区利用天然湖泊、洼淀、河道，通过修筑围堤和

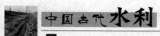
控制闸等建筑物形成的蓄水库。平原水库水面一般较大，丰、枯水位的变幅较小，主要用于灌溉、供水、调节控制洪水的地表径流。此外在河渠交错地区，利用一系列节制闸形成的河网式水库，也属这一类型。修建平原水库，常使周边地区地下水位升高，造成渍化，或引起土壤盐碱化，因此须采取适当的截水防渗措施。

 ### 3. 地下水库

这种水库是指由地下贮水层中的孔隙、裂隙和天然的溶洞或通过修建地下截水墙拦截地下水形成的水库。地下水库不仅用以调蓄地下水，还可采用一定的工程措施，例如坑、塘、沟、井，把当地降雨径流和河道来水加以回灌蓄存。这类水库具有不占土地、蒸发损失小等优点；可与地面水库联合运用，形成完整的供水体系。但是，修建地下水库也是需要一定条件的，只有在有适应的地下贮水地质构造，并且有补给来源的条件下才可。

古代水利机具

水利机具是人们在用水、治水、管水活动中使用的用具、机械、仪器和设备的总称。每一种水利工具都凝结着人类的知识、智慧和创造力，是水文化的重要载体。不同时代的水利工具代表不同时代的水利文化。

第一节
中国古代水力机具综述

　　大约在公元前30年，中国在水力应用方面已很发达，其技术完备，种类繁多，应用普及。水碓、水磨、水排、筒车和水转纺车等都属于中国古代具有代表性的水利机具。

 **水碓**

　　水碓指的是用水力驱动的杵舂，有去除谷壳、麦壳和捶纸浆、碎矿石等用途。东汉初年桓谭在其所著《新论》中提到，比之人力杵舂，"役水而舂，其利乃且百倍"。魏晋时期水碓已广泛应用，西晋权贵王戎有水碓40处，石崇有30处。

　　水碓的传动方式是由水流冲动水轮，轮轴上的短横木拨动碓稍，碓头即一起一落舂捣。东晋学者杜预作"连机水碓"，即一个水轮带动几个或十几个杵舂。《王祯农书》将水碓称作机碓：水流自上冲动水轮者称作"斗碓"或"鼓碓"，自下冲动水轮者称作"撩车碓"；另有一种称作"懒碓"的，碓稍就是能容水二三十斤的碗形容器。引水注入碗内，注满时即将碓头压起，碗中的水也同时泄空，碓头随之自动落下，成为一舂，如此循环往复。

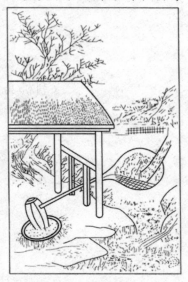

水碓图

水磨

水磨，即用水力驱动的磨，古代北方又称水碾，在魏晋南北朝时期已见记载。公元 5 世纪末南齐祖冲之曾造水碓、水磨。公元 6 世纪初北魏崔亮曾在洛阳附近的"堰谷水，造水碾磨数十区，其利十倍，国用便之"。

《王祯农书》对古代水磨的传动方式有详细记载，其水力传动部分有卧轮式和立轮式两种。一个立轮带两磨的装置称为立轮连二磨，最多的有

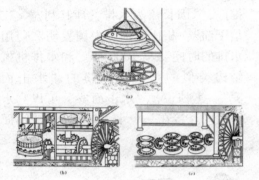

水磨图

一立轮带动 3 个齿轮，每一齿轮带动 1 盘大磨，大磨再各带动 2 盘小磨，合计一个立轮带 9 盘磨，这种水磨被称为"水转连磨"。此外还有二船并联，中间安置立轮，两船各置一磨，称"活法磨"，唐代又称"浮碾"，后世也叫"船碾"。

水磨在唐代使用极为广泛，关中地区的郑白渠上就有许多属于王公贵族的水磨。唐大历十三年（778 年）因水磨、水碾太多，妨碍灌溉，曾一次毁掉水磨、水碾 80 多座。北宋时期在今河南、山东、安徽等地修建有大量水磨，除磨面外，也用来磨茶。北宋绍圣四年（1079 年），政府"于长葛等处京、索、洰水增修磨 260 余所"。北宋还在中央政府中专设"水磨务"的机构，隶属于司农寺。

除此之外，古代还有水砻、水碾，其传动装置与水磨类似。砻是用来破除谷壳的，它的上盘较磨轻，可与磨互换，多用木料制成。碾是用来去除米糠的。一个水力装置同时带动磨、砻、碾的，王祯称它为"水轮三事"。

水排

水排是中国古代水力驱动的冶炼鼓风机，最早见于后汉建武七年（公元 31 年）南阳太守杜诗"造作水排"。其传动结构是利用水流冲动圆轮运

转，通过连杆带动鼓风机，向冶炼炉鼓风。三国时期监冶谒者（三国时魏置掌管冶铁的专门官员）韩暨曾加以推广，"因长流为水排，计其利益，三倍于前"。相比欧洲，中国发明和使用水排的时间要早 1000 年。和水排机械结构类似的是加工面粉的"水击面罗"。王祯说，"水击面罗"可以和水磨共同连接在一个水力转轮上，"筛面甚速，倍力于人"。

水排图

筒车

筒车实际上是一种轮式提水机械，多用流水驱动，也有的用畜力驱动。它在水流急处安装带有挡板（又称受水板）的水轮，轮面固定在两边立柱上，水轮顶部高于河岸，四周倾斜绑扎若干竹筒。水流冲击受水板，带动水轮绕轴转动，底部的竹筒临流取水，随轮转至顶部并将竹筒中的水倒入木槽，从而实现提水的目的。

筒车至迟在唐代已发明。陈廷章的《水轮赋》中对筒车的结构和功用都有详细的描写。宋代，筒车已普及今浙江、江西、湖南、广东、广西等地。南方的筒车多为竹制，北方的筒车多为木制。今甘肃、宁夏黄河沿岸仍有大型筒车使用。《王祯农书》上还记载有高转筒车，可提水 10 丈以上，其形式与圆形筒车有较大的差别，而与翻车（龙骨水车）接近。它有上、下两轮，直径各约为 4 米，两轮

筒车图

间有竹索连接，竹索上捆扎取水竹筒若干。转动上轮带动竹索和竹筒运转，达到提水的目的，其动力多为畜拉或人踏。

水转纺车

水转纺车是中国古代以水驱动的一种纺织机具。纺车部分与人力纺车一样，用水力作为动力。古代的大纺车长 2 丈多，宽 5 米左右，宋元时用来纺苎麻。据《王祯农书》记载，其水力部分"与水转碾之法俱同"，即在临流处安置水轮，并通过机械传动，带动纺车转动。古代水力机具的水力部分大致相同，水轮分卧式和立式两种。用来车水灌溉的有水转翻车、高转筒车等，用于粮食加工的有水磨、水碓等。用于鼓风冶炼的是水排，用于纺织的就是水转纺车。

水转纺车图

知识链接

描写筒车的诗赋

唐陈廷章《水轮赋》："水能利物，轮乃曲成。升降满农夫之用，低徊随匠氏之程。始崩腾以电散，俄宛转以风生。虽破浪于川湄，善行无迹；既斡流于波面，终夜有声。"

宋梅尧臣《水轮咏》："孤轮运寒水，无乃农自营。随流转自速，居高还复倾。"

宋李处权《土贵要予赋水轮》诗："江南水轮不假人，智者创物真大巧。一轮十筒抱且注，循环下上无时了。"

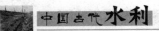

第二节
中国古代提水机具

　　春秋战国时，已有关于提水机具的文字记载。现代出土的汉代画像石中有较多的提水机具的内容，可见至迟在汉代，大多类型的古代提水机具已经问世。其中，现代人所熟知的辘轳是提水机具中的重要代表，它使北方地区提取地下水成为可能。

　　2000年来，桔槔、辘轳、水车等是灌溉、排水、供水（生活和生产领域）中普遍使用的提水机具。其中，提水机机械传动的部分并无大的变化，而从能源利用来看，提水机具的发展经历了人力、畜力应用和水力、风力等自然能应用两个发展阶段。18世纪的工业革命，诞生了使用电能的抽水机，电能抽水机的出现宣告了以自然能为动力的提水机具的终结。但是，古代老的水力机具，在边远的山区和农村至今仍在使用。

　　中国古代有代表性的提水机具有桔槔、辘轳、翻车、恒升等。

桔槔

　　桔槔是一种杠杆式的人力提水机具。桔槔的结构是，在水源岸边竖立一根木柱，古代称作植；木柱上绑扎一根横杆，古代称为桥；横杆一端用绳系一水筒，另一端系一平衡重物，借助人力提水。桔槔的文字记载最早见于《庄子·天地》，类似桔槔的提水机

桔槔图

具还有鹤饮。鹤饮和桔槔的不同之处是，鹤饮的横杆为一木槽，木槽封口的一端侵入水源取水，人力搬动木槽另一端，水即由此开口端流出。

辘轳

辘轳是利用轮轴原理的起重工具，多用来汲取井水。主要是在井岸上安置带有水平转轴的支撑架，转轴一端装有曲柄，转轴上缠绕着汲水索，绳索下端系水桶，用人力或畜力摇动曲柄，即可由井水提水。有的在汲水索两端各系一水桶，提水效率可以提高一倍。和此种辘轳类似的机械绞车"绞关"，古代也称辘轳，相当于用人力或畜力作动力的现代卷扬机。绞车的转轴常竖立安放，古代船只翻越堰埭常用此设备牵引。

辘轳图

翻车

翻车又称拔车，也就是今天所说的龙骨水车。其结构是用木板做成长槽，槽中放置数十块与木槽宽度相称的刮水板（或木斗），刮水板间用铰关依次连接并首尾相连。木槽上、下两端各有一带齿木轴，转动上轴，刮水板循环运转，同时将刮水板间水体自上而下带出。苏轼曾用"翻翻联联衔尾鸦，荤荤确确蜕骨蛇"形容它。翻车和渴乌（一种管状导水器具）同在东汉中平三年（186 年）由掖庭令毕岚所发明。翻车的动力分为手摇、足踏、牛拉以及风力和水力驱动等形式。高转筒车和专取井水的井车也和翻车的结构相类似。

翻车图

恒升

徐光启在《泰西水法》中介绍过一种人力提水机械，也就是今天所说的提升泵，明代末年传入中国，译名为恒升。恒升主要由三部分组成：一为"圆筒"，通常为圆柱形的密闭筒，筒底装有只能向上的阀门；二为"提柱"即可在"筒"内上下运动的活塞，活塞也有只能向上的阀门；三为"衡柱"，即操纵活塞上下运动的手动杠杆。取水时，将圆筒下面的水管浸入水中，上下按动杠杆，水面上的大气压将水压入筒内，进至活塞上面，并被提升，流出筒口。此类器具在中国一些农家还在应用。宋代用于盐井提水的水排，其原理和恒升相同。《泰西水法》中和恒升类似的还有玉衡，

现代的污水提升泵

二者区别在于，玉衡有两个带有活塞的工作筒和一个储水器，它们的底部各有一个只能向上开的阀门，当工作筒活塞下压，筒内的水就被推入储水器，再由储水器上部的管口流出。古罗马在公元前几十年就已经发明了玉衡。

知识链接

《泰西水法》

　　《泰西水法》，明徐光启与传教士熊三拔合译，成书于明万历四十年（1612年），共6卷。

　　《泰西水法》是一部介绍西方水利科学的重要著作，主要记述恒升（往复抽水机）、龙尾车（螺旋提水车）、玉衡（双筒往复抽水机）等水利机械的结构和制造方法，以及修建蓄水池和凿井的基本方法。《四库全书总目》对此做了较为详细的介绍，称"是书皆记取水蓄水之法"。第一卷为"龙尾车"，用挈江河之水；第二卷为"玉衡车"，用挈井泉之水；第三卷为"水库记"，用蓄雨雪之水；第四卷为"水法附余"，讲寻泉作井之法，并附以疗病之水；第五卷为"水法或问"，备言水性；第六卷为"诸器之图式"。总目又对传入中国的西方科学进行了比较，对水利学做了较高的评价，明确指出："西洋之学，以测量步算为第一，而奇器次之。奇器之中，水法尤切于民用，视他器之徒矜工巧，为耳目之玩者又殊。固讲水利者所必资也。"

古代水利文化

水是世界万物生长的源泉,人类更是须臾不可缺少。"物竞天择"的历史长河中,炎黄子孙同洪荒搏击,创造了以水为中心的物质和精神的宝贵财富。这种物质的和精神的文化现象或者说"水意识形态"就是水文化。水是华夏最早、最重要的文化载体。

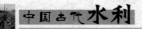

第一节
古代水利管理文化

自从人类开始定居生活，由以渔猎为主转为以农耕为主的时期起，合理利用水资源的问题便出现在人类的生产活动中。经过实践，人们获得了许多关于管水的经验，学会了对水的管理，使宝贵的水资源更好地造福人类。随着社会的发展和科学的进步，人们对水的管理越来越全面，越来越有效。现在人们可以在不同程度上有效地管理空中水、地面水和地下水，同时对水资源、水工程及水利工程建设也在不同程度上进行了有效管理。在管理手段上也越来越先进，从而形成了内容十分丰富的管水文化，即水利文化中的制度文化。

管水文化是指水事活动中的一切管理行为，主要包括水资源的管理、水事人才管理、工程建设管理、水利工程的管理及水事活动中的财务管理等。而水利法规的管理即文化的管理是管水利文化的最高层次。

倪宽的《水令》

我国水利法规的历史悠久。从春秋时期"无曲防"的条约算起，约有2600年历史。最早有记载的是西汉时倪宽的《水令》和召信臣的《均水约束》。倪宽（？—公元前103年），西汉千乘（今山东省高青县北）人。他曾官至御史大夫，与司马迁等共同制定"太初历"。汉武帝元鼎四年（公元前113年），倪宽任中大夫，继而又升迁为左内史。在任期间，他劝课农桑，减轻刑罚，重视水利。元鼎六年（公元前111年），"宽表奏开六辅渠，定水令，以广溉田"。汉武帝采纳了倪宽的建议，并令他主持在郑国渠上游北岸开凿六条小渠，以扩大这一带的灌溉面积。关于这次施工，《汉书·沟洫志》记载为："穿凿六辅渠，以益溉郑国渠旁高仰之田。"说明六辅渠所灌区域，是郑国渠无法自流灌溉的农田。汉武帝在六辅渠完工以后曾发出感慨："农，天下之本也。泉流灌浸，所以育五谷也。左右内史地名山川原甚众，细民未知其利，故为通沟渎，蓄陂泽，所以备旱也。"由此可见，西汉王朝对水利的重视。

倪宽在六辅渠的管理运用方面在我国首次制定了灌溉用水制度，"定水令，以广溉田"。由于制定了精准的制度，合理利用了水资源，从而扩大了浇地的面积。可惜的是，这一宝贵的历史资料早已散佚，无法知道它的全貌，"定水令，以广溉田"这七个字是仅存的文献资料。因此，倪宽作为我国灌溉用水制度的创始人，在中国水利史上占有一席之地。

"召父""杜母"治水与《均水约束》

西汉初期，河南省西南部的南阳盆地，是南北交通的要道，农业生产并不发达。后来，这个盆地成了中原地区肥沃的农业基地，这与汉代南阳郡的两位太守——召信臣和杜诗在这里兴修水利、改变农业生产条件的功绩是分不开的。当时曾流传一首名叫《召父杜母》的民歌，其中有"前有召父，后有杜母"的诗句。人们以极其崇敬的心情，纪念这两位为民治水兴利、造福百姓的"父母官"。

召信臣，字公卿，西汉末年九江寿春（今安徽寿县）人。历任少府、谏议大夫、南阳郡太守等职。约在汉平帝元始初年（公元1年）病逝。汉元帝建昭五年（公元前34年），召信臣任南阳太守。在此期间，他在当地发展经济，兴办教育，为老百姓做了不少好事。《汉书·召信臣传》记载："为人勤力有方略，好为民兴利，务在富之，躬劝耕，出入阡陌，止舍离乡亭，稀有安居时。行视郡中水泉，开通沟渎，起水门提阏凡数十处，以广溉灌，岁岁增加，多至三万顷，民得其利，蓄积有余。信臣为民作均水约束，刻石立于田畔，以防纷争……吏民亲爱信臣，号之曰'召父'。"

由于深知水利的重要性，召信臣到南阳郡上任以后，就集中精力抓水利建设。南阳郡处于秦岭和伏牛山之南，丘陵环抱，境内只有白河、唐河两条水系，水量很小，涨落不定，水利设施十分原始，基本上属于靠山吃山、靠水吃水的情况。因此，召信臣外出巡察时，特别注意各地的地势、山泉的大

南阳白河

小、河流的走向、塘堰的分布等，并制成一幅水利施工图，然后，组织民工逐年按图施工。几年以后，已修建了数十处水利工程，其中六门堰、钳卢陂和召渠是最为著名的。六门堰是一座灌溉枢纽工程，在今河南省邓州城西 1.5 千米的湍河上。六门堰干渠全长 50 多千米，下设许多支渠。工程建成后，灌区效益面积曾达到 40 多万亩。六门堰今后修建达 1600 多年，它和都江堰、漳水十二渠一起被誉为我国古代三大灌区。

除此之外，召信臣还主持修建了马渡堰。马渡堰古称"棘水"，又名召渠，今称溧河，是召信臣首创，后经杜诗、杜预等历代名臣动员百姓所开凿的一条人工渠道。渠口位于南阳城东南 4 千米处，引清水（今白河）同东南干渠纵贯南阳、新野等县，长达几十千米，支渠纵横交错，状如树枝。

召信臣考虑到百姓的长远利益，因此在水利工程兴建以后，为灌溉用水制定了一系列制度。他命令各地乡官在渠道旁、田界边竖立石碑，刻上《均水约束》，作为管水用水的规章制度。对何时用哪条渠道的水、用多少水，以及渠道和堰塘的管理、工程设施的维修等都进行了严格规定，违犯者按规定处罚。这些措施对水利工程设施的保护起了很大的作用，也减少了水利纠纷的发生。

东汉建武七年（公元 31 年），杜诗任南阳郡太守。上任之时，南阳一带因多年遭受战乱，原有的水利工程大部分已废弃。杜诗以召信臣为榜样，组织农民修治陂池堰塘，开垦荒田废地。几年之后，南阳郡便又出现了"比室殷足"的景象。

随着农业生产的恢复和发展，各类农具供不应求。在这种情况下，杜诗在总结冶铸工匠经验的基础上，发明了供冶铸农具用的"水排"，从而大大提高了冶炼功效。英国科学史家李约瑟在《中国科学技术史》中称：中国的水排对整个世界的水利乃至世界文明都做出了巨大贡献。

隋唐的水利管理和《水部式》

为加强水利管理，唐代在中央工部尚书下设有水部。水部配备水部郎中和员外郎，掌管堤堰、河渠、沟洫、漕运等项工程的兴修和管理。此外，还专设都水监，负责"掌川泽津梁之政令"，管理人员及其职权范围还进一步具体到了渠、堰、斗门。

《唐六典》卷二十三记载："凡京畿之内，渠堰陂池之坏决，则下于所由而后修之。每渠及斗门置长各一人，至溉田时，乃令节其用水之多少，均其溉焉。每岁，府县差官一人以督察之，岁终录其功，以为考课。"《水部式》对唐代的水利管理制度有更详细、生动的记载。现存《水部式》共29自然条，2600余字。其内容包括农田水利管理、碾硙设置及其用水量的设定、运河船闸的管理及维护、桥梁的管理及维修、内河航运船只及水手的管理、海运管理、渔业管理，以及城市水道管理等。而这些事务都属于唐代尚书省工部水部郎中和员外郎的职责范围。

《水部式》认为，灌区管理的中心环节是制订合理的灌溉用水计划。其主要内容是，按气候的变化和作物生长的需要合理地分配灌溉用水，达到增产的目的。《水部式》的农田灌溉用水制度是以郑国渠为各大灌区的代表制定的，其主要内容集中在第一条："泾渭白渠及诸大渠用水灌溉之处皆安斗门，并须累石及安木傍壁，仰使牢固。不得当渠造堰。诸溉灌大渠有水下地高者，不得当渠造堰，听于上流势高之处为斗门引取。其斗门皆须州县官司检行安置，不得私造。其傍支渠有地高水下，须临时暂堰溉灌者听之。凡浇田皆仰预知顷亩，依次取用。水遍，即令闭塞，务使均普，不得偏并。"这一条主要讲的是：实行科学灌水，还必须合理地安排轮灌次序。唐代对灌区轮灌顺序明确规定，"溉田自远始，先稻后陆"，"凡用水，自下始"，即灌区末端的渠道先用水，这个规定有助于避免上下游之间的用水矛盾。在旱作与稻作相间

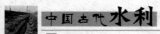

的地区，则先灌水田，再浇旱地，这又是根据作物耐旱程度的差别确定的轮灌次序。在中央原则规定下，各灌区因地制宜，这表明唐代灌溉管理科学已具有相当高的水平。

《水部式》有关灌溉行政管理的规定集中表述于第二条："诸渠长及斗门长至浇田之时专知节水多少。其州县每年各差一官检校，长官及都水官司时加巡察。若用水得所，田畴丰殖，及用水不平并虚弃水利者，年终录为功过附考。"南方灌溉工程尽管形式和北方有所不同，但管理制度却都相似。若逢特殊干旱年份，灌区还可越过乡、县，直接向州政府请求放水，以免贻误灌水时机。唐代上至中央、下至灌区斗门和末级渠道，都设置了一套系统的管理机构，组成了完整的管理体制，这是提高灌溉管理水平的重要保证，因此也成为唐代灌溉事业发展水平的又一个重要标志。

航运与灌溉争水是唐代运河上是普遍存在的问题，汴河、淮南运河、江南运河都有类似的情况。航运关系着整个国家运输动脉的畅通，牵扯政治和经济全局利益，而农田灌溉则只涉及一个地区的农业收成，因此当水源不足、航运与灌溉不能兼顾时，《水部式》规定，应首先满足通航要求。在社会安定、法律威严的时期，有关部门即依据《水部式》处理有关矛盾。但在社会动荡、法制削弱的唐代后期，则往往要由政府专门下达行政命令，并由专门官吏来处理这类矛盾。

除此之外，与灌溉用水相冲突的还有放牧和宫廷园林用水。《水部式》第六条规定："公私材木并听运下，百姓须溉田处，令造斗门节用，勿令废运。"即灌溉用水应有节制，不得影响放木。此外，供应皇宫用的水流，一般情况下禁止引灌，只有在大旱年份才偶尔例外。

综上所述，可见《水部式》是一部系统而完整的水利法规。

王安石的《农田水利约束》

王安石（1021—1086年），北宋时期杰出的政治家、改革家、文学家和思想家。熙宁二年（1069年），宋神宗起用王安石为参知政事，王安石随即提出变法主张，力主"变风俗，立法度"。宋神宗采纳王安石的变法意见，全面推行新政。据《宋史·河渠志》载，王安石变法的基本主张是理财，使"民不加赋而国用足"，而"理财以农事为先"，要发展农业，重要出路则在水利，"灌溉之利，农事大本"。

为了实施"农事为先"的变法主张，王安石大力推行水利建设，鼓励人民开荒，并广泛听取各方面对发展生产的意见。社会地位低下的胥吏、小商贩、农民、仆隶，乃至犯罪的人，只要能言水利和生产，都可以直接到京城开封找司农司或中书省献策。兴修水利成绩突出者，还授官予以嘉奖。熙宁二年十一月颁布了农田水利法——《农田水利约束》，并设立三司条例司及各路农田水利官主持全国水利和地方水利。随后，北宋的农田水利建设出现了一个短暂的高潮。

王安石像

《农田水利约束》又被称为《农田利害条约》，是王安石推行的十多种新法中的重要内容之一，也是我国第一部比较完整的农田水利法。据《宋会要辑稿》等文献记载，全文共分8条，1200余字。其主要内容如下：

（1）鼓励和支持为兴办农田水利建设献计献策。无论官民，有关农田水利的意见和建议均可向各级官吏陈述。经查勘，"如是便利，即付州县施行"。工程完工后，对建议人"随功利大小酬奖。其兴利至大者，当议量材录用"。

（2）要求各州县将本县境内荒废田地亩数、荒废原因、所在地点、水利状况、需修复和新建的水利设施、实施方案以及召募垦种等情况，"各述所见，具为图籍，申送本州"。必要时，州政府还要派员复检，以便全面掌握情况。

（3）要求各县对那些"数经水害"的地区作出治理规划。"或地势污下，所积聚雨潦，须合修筑圩堤以障水患。或开导沟洫，归之大川，通泄积水"，经上级核准后，"立定期限"加以实施，"令逐年官为提举，人户劳力修筑开浚，上下相绥"。

（4）规定各级政府收到有关单位关于兴修农田水利的规划报告后，"应据州县具到图籍并所陈事状，并委管勾官与提刑或转运商量，差官复检。若事体稍大，即管勾官躬亲相度"。若切实可行，即交付县令"付予施行"。如果一县不能独自承担，就必须由州府差官支持。"若计工浩大，或事关九州"，则奏明朝廷统一解决。

（5）受益田户应提供兴修小型水利工程的经费。而大型工程需要的经费，受益田户出不起钱粮，可向官府用于社会救济的粮仓——广惠仓和官府用于平准粮价的常平仓借贷支用。受利户一次还不清借贷的应允许两次、三次归还。若官府借贷不足，亦许州县劝说富户出钱借贷，依例出息，官府负责催还。凡兴修农田水利经久便民者，随其受益大小给以相应的酬奖。所有官吏民众都应积极投入兴修水利的活动中，若有人有意不出应摊的人工物料，官府除催理外，还可酌情罚款。而对那些私人出资兴修水利的人，则要根据功劳大小授奖。

（6）各县官吏用新法兴办农田水利并有成效者，给予不同的奖励。对那些办事不力，或是从中谋利的人，都要给予相应的惩罚。

《农田水利约束》的颁布和实施，大大调动了全国人民兴修水利的积极性。新法实行的17年间，在全国兴修了水利工程1万多处，灌溉田亩30多万顷，形成了"四方争言农田水利，古堰陂塘，悉务兴复"的喜人景象。许多百姓在地方新法的鼓励下，自己行动起来，筹集经费大兴水利，因此形成了一次水利建设的高潮。

金代的《河防令》

金元时期，北京及其周边地区的防洪工作越发重要，因此与防洪工程及防洪管理有关的法令就应运而生了。金世宗完颜雍称帝后，内用各族人士为官，外与南宋议和，并注重农业生产，恢复经济。金章宗泰和二年（1202年），朝廷颁布了《泰和律令》。该法令由29种法令组成，其中一种就是著名的《河防令》。《河防令》的原文共分11条，原文早佚。现存《河防令》文字不全，但仍可看出其主要的内容和指导思想。作为一项专门的防洪法规，《河防令》在中国水利史上占据着相当重要的地位。其主要内容有以下几个方面：

（1）朝廷的户、工两部每年派出大员巡视黄河，监督、检查都水监派出机构分治都水监和地方州、县的河防修守工作。河防工作在必要时可使用"驰驿"手段，通过驿站快马传递有关消息。

（2）各县兼管河防的县官，在汛期和非汛期都要轮流指挥河防事务。据《金史·百官志》记载，金代后期，命沿河县官兼漕运、河防之事。在河防工作的功过，沿河州县的官吏都要向上据实奏报。

（3）《河防令》规定，河防官员平时按规定给假，遇有河防急务如防汛、堵口等危急之时，则停止给假。河防汛情紧急，防守人力不足时，沿河州府负责官员可与都水监官吏及都巡河官商定，随时征调丁夫及河防物资等。

（4）分都水司及各地沿河河防巡官具体指挥抢修和保护河堤及堤防设施等。据《金史·兵志》记载，金代设有黄河埽兵及沟渠埽兵、水手、指挥吏等专业性河防官兵。除设专业性埽兵守护的河流之外，其他河流如发生险情、汛情等，也要参与救护。若河防军夫有残障或生病，必须由都水监安排送往各附近州县治疗，医病所用经费及药品由官府发给。

（5）埽工、堤岸出现险情时，由分治都水监和都巡河官负责指挥官兵加固护守。堤防埽工情况，每月要报告工部，转呈主管朝廷政务的尚书省。除设有埽兵守护的滹沱河、沁河等，其他有洪灾害的河流出现险情，主管部门及地方官府要派出人夫紧急进行抢险。此外，《河防令》还规定，每年"六月一日至八月终"，为黄河涨水月，沿河州、县的河防官兵必须轮流进行防守。卢沟河是由县官和埽官共同负责守护的，到了汛期要派出官员监督、巡视、指挥。

中国历史上的水利职官

中国历代负责水利建设和水利管理的机构与水利官员，在长期的实践中逐渐形成了一套完整的体系。中国古代水政系统包括行政管理机构和工程修建机构、文职系统和武职系统。这些系统变化复杂，职责交叉。水利机构和职官的设置，体现了水利在中国历来是作为一种重要的政府职能和政府行为。

我国在原始社会末期就已经有了水利职官的设立。"司空"是古代中央政权机关中主管水土等工程的最高行政长官。《尚书·尧典》记"禹作司空"，"平水土"。"司空"一职，被认为是水利设专司之始。西周时，中央主要行政官员"三有司"之一的"司工"即"司空"。《考工记》和《荀子·王制》都指出，"司空"的职责是"修堤梁，通沟浍，行水潦，安水藏，以时决塞"。其他先秦文献多有类似的记载，在春秋战国时各诸侯国便出现了相似性质的官吏。

先秦时设有"水官"，以负责河道堤防的巡视、检查和维修等工作。秦、汉设都水长、丞，隶属中央的有关部门，如太常、大司农、少府和水衡都尉或地方长官，负责管理水泉、河流、湖泊等水体。汉成帝时设置都水使者，统一领导和管理这些都水官员。

西汉末期设御史大夫为"大司空"，东汉将司空、司徒和司马并称为"三公"，是类似宰相的最高政务长官，虽负责水土工程，但不是专官。晋代又设都水台为中央机构，其长官为都水使者。隋代以后设工部尚书，主管六部（吏、户、礼、兵、刑、工）中的工部，亦通称"司空"。工部尚书掌管工程行政，在明代以前为宰相下属。历代往往又设"将作监"或"都水监"管理水利工程的实施、维修等，与工部分工，而工部以下具体负责中央水利行政的机构是"水部"。

隋、唐、宋三代都在工部之下设有水部，主管官员为水部郎中，其助手为员外郎及主事。元代未设水部，农田水利属于大司农，但河防则归并于都水兼。明、清废都水监，在工部下设都水清吏司，简称都水司。主管官员为郎中，助手为员外郎及主事。水利工程的施工、维修、管理等职能划归流域机构，农田水利划归地方各省管理，河道及漕运管理则由中央政府直接派设专职机构。民国时在农林或经济部下设水利局、处，后来增设水利部。

汉至唐各代还有"河堤谒者"等职官。这些官吏职位，有的在中央任职，有的则派往地方主持河工。西汉临时派出的官吏叫河堤谒者或河堤使者，多以钦差大臣身份主持大规模水利工程。有些以原官兼任河堤都尉，或"领河堤""护河堤""行河堤"等。东汉河堤谒者成为中央主持水利行政的长官，晋至唐为都水使者的属官。五代以后各代虽裁撤了河堤谒者，但仍设有类似的官吏。如元代的总治河防使和明初的河道总督，都类似于西汉的河堤谒者。金代的巡河官，元代的河道或河防提举司，明代管理黄河和运河的郎中、主事等，也都是一样的性质。

明、清两代，中央派往黄河、运河等大流域负责河工和漕运的官员是一个单独的系统。明初曾设漕运使，永乐年间设漕运总兵官，此后侍郎、都御使、少卿等许多官吏都负责过漕运事务。景泰二年（1451年）设总督漕运，驻扎于淮安。此后曾分设巡抚、总漕各一员，后来又多次反复合并或分置。嘉靖四十年（1561年）改为总督漕运兼提督军务，至万历七年（1579年）又加兼管河道。清代正式设漕运总督，驻淮安，全面负责漕运事务。直隶、山东、河南、江西、江南、浙江、湖广七省负责漕运的官员均听命于漕运总督。

光绪三十年（1904年）改漕运总督为巡抚，次年裁撤。清代的河道总督是在明代总理河道一职的基础上演变而来的，其职责是负责黄河、运河和海河水系的有关事务，级别与地方行政长官大体相当，并经常兼有兵部尚书右都御使、兵部侍郎副都御使或金都御使等头衔。河道总督的品位很高，权力也很大，简称总河，最初驻山东济宁，后移驻黄、淮、运交汇处的清江浦（今江苏省淮阴市）。雍正年间河道总督一分为三：一是江南河道总督，负责安徽、江苏两省的黄河、运河事务，简称南河总督，驻清江浦。二是山东、河南河道总督，负责这两省的黄河、运河事务，简称东河总督，驻济宁。三是直隶河道总督，负责畿辅地区各河流的管理工作，简称北河总督，驻天津。以后北河总督由直隶总督兼任。此外，另设漕运总督管理漕粮管理工作。1855 年黄河决口改道之后，河务也划归为地方管理了。

农田水利在中央属水部或都水监管理，地方各级行政区一般都有专职或兼职官吏。唐代各道往往设农田水利使兼职，明代各省设按察司副使或佥事管理屯田水利，清代则有专职或兼职的屯田水利道员。有重要农田水利工程的地方则设府州级官吏（如水利同知等）或县级官吏管理。支渠、斗渠以下如渠长、斗门长等一般都是由民众管理的。

知识链接

治水失败的鲧

　　传说鲧是黄帝族的后裔。《山海经·海内经》说："黄帝生骆明，骆明生白马，白马是为鲧。"又有说他是天帝的长子，"昔者伯鲧，帝之元子"（《墨子·尚贤》）。鲧曾是帝尧手下的大臣，创造出工具，驯服了牛，并建造过城郭，可见他在治水之前就有卓著的政绩了。

　　尧帝时，中原大地江河泛滥，洪水滔天，民无所居。当时，鲧在河南崇地治水有功，尧帝便命鲧去治水。鲧治水时采用了壅土挡水的办法。他历尽艰难整整干了九年，但天下依然是"洪水滔天，无所止极"。无计可施的鲧为了救天下百姓于水深火热，不得不铤而走险——"窃帝之息壤以埋洪水，不待帝命，帝令祝融杀鲧于羽郊。"（《山海经·海内经》）为了制服洪魔，鲧置生死荣辱于度外，"不待帝命"，窃取了天帝的"息石、息壤"（一种自生自长的石块和泥土，为天帝所独有）来堵塞洪水。正当洪水快要平息的时候，

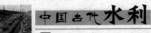
鲧却被天帝派来的火神祝融斩杀在羽郊，结果洪水又卷土重来。我们推想，可能是鲧用"息壤"治水成功前，天帝发现了他宝物息壤被窃的事，于是大怒，"令祝融杀鲧于羽郊"，并夺回了剩余的息壤。正所谓"为山九仞，功亏一篑"，洪水因此重新泛滥天下。对这段神话传说，后人做出了这样的解释：鲧治水"九年而水不息，功用不成"，主要是采用的方法不对头，即他一味采取了"堙"（堵塞）洪水的办法，才导致了治水的失败。鲧的失败，并非他本人的无能，而是那个时代科学技术水平低下的真实写照。

鲧虽然是个失败的英雄，但他为民造福不惜牺牲生命的壮烈之举，却是令后人敬仰的。

第三节
水利专著

水利专著的问世

我国古代水利专著的出现，还得追溯到《史记·河渠书》和《汉书·沟洫志》，而《水经》和《水经注》的出现，则是我国河道水系方面的专著。

《河渠书》是司马迁所著《史记》中的一部分，是我国第一部水利通史。书中叙述了上起大禹治水、下至西汉元封二年（109 年）之间的重要水利事件，记述了鸿沟、运河开凿、西门豹治邺、秦兴修郑国渠、张邛开凿秦岭褒斜运河、庄熊罴开凿龙首渠以及黄河防洪除险等内容。《史记》中曾提到：

"甚哉，水之利害也。"首先创用了"水利"一词。

《沟洫志》是东汉史学家班固所著《汉书》中的一部分，也是我国历史上的第一部水利志。全志分为29段，1～12段基本转述《河渠书》，13～29段记述了汉元鼎六年至元始四年（公元前111—公元4年）的水利史实，对《史记》以后的黄河洪灾、防洪抢险、治河工程、河防规划、治水方略等做了记述，特别对贾让治河三策做了详细记载，成为治理黄河水患的经验总结。

在治河史上，贾让三策极负盛名。上策就是给黄河留一个宽广的区域，保证黄河"左右游波，宽缓而不迫"，则可以"河定民安，千载无患"。中策就是黄河下游多开支渠，这些支渠除了有灌溉的作用之外，同时还可以分洪减水。贾让认为单纯依靠堤防来达到防洪目的的做法为下策。贾让上、中、下三策集中地体现了他的治河主导思想。三策之中，尤以上策为其立论的重点，中策是上策的修正，而下策则是上策的反对。自汉武帝凿白渠之后，《沟洫志》成为西汉水利的一个权威记载。它所记载的实践和理论对后代的水利工作不但有历史性的意义，而且也有实际意义。

我国第一部系统叙述全国水道的著作是《水经》。全书不到1万字，原书单行本早已失传，附在郦道元的《水经注》中流传后世。由于辗转传抄，经文和注文混淆，字句亦多讹误。书内所载水道共137篇，每水为一篇，末附《禹贡山水泽地所在》60条。由于后代的散失，现存本共123篇，可供研究东汉、三国至南北朝时期水道的变化。

《水经注》

在我国历代所有的水利文献当中，郦道元著的《水经注》是最为引人注目的。清初名学者刘献廷称赞："郦道元博极群书，识周天壤。其注《水经》也，于四渎百川之源委、支派、出入、分合，莫不定其方向，纪其道里。数千年之往迹故渎如观掌纹而数家宝。更有余力铺写景物，词组只字妙绝古今，诚宇宙未有之奇书也。"又说："西北水道莫不详备于此书，水利之兴其粉本也。虽时移世易，迁徙无常，而十犹得其六七。"

《水经注》一书是郦道元在晚年编成的（6世纪20年代）。郦道元（约466—527年），字善长，范阳涿鹿（今涿县）人。郦道元是当时有名的学者，他家几代为官，他自己也是一生做官。他的后半生正当北魏由盛而衰，天下大

《水经注》书影

乱，最后也死于乱兵。由于其做事峻刻严谨，人们常常都比较畏惧他。除了《水经注》40卷外，郦道元还著有《本志》13篇和《七聘》等文章。郦道元20岁以前随父亲在青州（今益都县）住过，后来在各地做官，到过颍州长社（今长葛县东，他做了三年冀州镇东府长史）、鲁阳（今鲁山县，他做过鲁阳太守）、泌阳（今泌阳县，他做过东荆州刺史）、洛阳（做过河南尹）等地。《水经注》大概就在这时成书。后来几年中，又出使过北边，在南边打过仗（在彭城、涡阳一带）。最后一任官是御史中尉，他奉使至关中，终被叛将所杀害。

《水经注》内容所涉及范围广泛，内容全面，在《水经注》中，具体谈及水利方面的内容有以下几点：

（1）详细记载了水道的变迁及位置。因水证地，是研究水利史的最基本的依据。因此它是研究历史地理者所必需的资料，没有这本书，古代水道的演变，几乎无从讲起。

（2）水道记载详细准确，加上支流、湖泽、分汊、城邑、山岭等的记载，可以全面看出一条河甚至一个流域的情况，从而推断人工治理的利弊及兴废。研究水利史的问题，既要注意新工程之兴建，也要注意旧工程之废弃，从而得出经验教训。一个工程是如此，一条河流也是如此。关于王景治河的成就，千百年来一直被人们传颂。从《水经注》所载黄河面貌，可以得出一些解释。

（3）详细记载了古河道所经的土质、水源、地形等的特点，以及古河道的所在及演变过程，对于后人治理规划河道有极大帮助。

（4）较详细地记载了河流上的水利工程、渠道、塘堰及灌溉区域，远及边远地区，起到了总结前代经验的作用，就是到现在也有一定的参考价值，同时也是水利史研究的主要内容。

（5）引证了古代第一手数据例如碑文等，记载了工程的勘测、设计（形式、结构）、施工、管理等可以提供当时工程技术数据，描述了当时的技术水准，也是该书独特的优点。

（6）记述更古工程的因果、兴废沿革，而这些都是水利史的一手资料。

有的是水利史研究的唯一依据，有的工程是郦氏自己采访记录的。

（7）记载了一些洪水情况，一些水利故事，考证了一些工程名称，也都是一些比较珍贵的数据。

《水经注》是一部伟大的水道著作，叙述的范围极广，东北到鸭绿江，东到大海，南到中南半岛，西部到印度，西北到伊朗、里海，北到大沙漠。《水经注》又是一部水文化的杰作。全书特别长于写景，"模山范水"为后来写景文的作者提供了楷模。由于作者当时的条件和认识水平的局限，他所做的大量河川地理的研究也有一定的局限甚至错误。但这些缺点和错误，对于这部科技名著所取得的成就来说，可以说是瑕不掩瑜。

元代以前水利上的主要著述

元以前的可参考资料不多，因此在志书和史书中对水利的记载不是那么详尽。而在农学著作《梦溪笔谈》中，对水利有较多记载。唐代记载运河及漕运较多，多见于《食货志》及传记中。

《元和郡县志》成书于唐宪宗元和年间（806—820 年），全书共 40 卷。有关水利的记述十分丰富，并收录水道 395 条、湖泊 92 个。它不仅保存了《水经注》的内容，而且加以印证补充；并且对水利工程皆有条目，对郑国渠、白渠都有记载。对与水有关的自然地理景观，如喀斯特地形、黄土高原地貌、沙漠绿洲也都有所记述。

《宋史·河渠志》共分七部分，第一、二、三部分叙述黄河；第四部分记述汴河、洛河、蔡河、广济河、金水河、白沟河以及开封京畿之地的水利工程和运河系统；第五部分记述了漳河、滹沱河等；第六、七部分记述了东南诸水。

《金史·河渠志》主要记述北方重要河流，诸如黄河、漕渠、卢沟河（永定河）、滹沱河、漳河等。记黄河的修防多为大定、明昌至泰和时期。所记规章、法则、漕运制度多为章宗之时较完备的制度。

《梦溪笔谈》的作者是宋代沈括。他在该书中对江河水文、水土流失等问题的研究很有成就。他指出，西北黄土高原的地貌，是土壤侵蚀水土流失造成的结果，并由此引申，认为华北平原是黄河、漳水、滹沱河、桑干河的泥沙沉积而成。他通过生物化石，正确推论华北平原古代为海，指出了沧海桑田之变。沈括把他人的治水经验、个人的实践体会和科学考察论断融为一体，收录在

《梦溪笔谈》一书中。因此，这本书也成为水利科学史上的重要论著。

《王祯农书》由元代大农家王祯所著，这部花费了他十年多心血撰写而成的著作不仅是一部古代农业的百科全书，而且是古代农田水利的百科全书。书中系统地总结了江南农田水利建设的情况和具体经验，并提出了一些值得重视的理论问题。书中的《灌溉篇》，在回顾古代治水业绩的同时，阐明了兴修农田水利的重要意义。

王祯认为灌溉"为农务之本，国家之厚利"。他对江南农田水利灌溉方式进行了系统的总结，把灌溉方式分为两大类：一类是水源高于耕地直接引水灌溉和水源低于耕地必须用机械灌溉。此外王祯还详细说明了渡槽和暗沟的设计与施工方法。另一类是就近没有江河湖泊的，则打井取地下水。关于圩田和围田水利，《农书》给予了高度的评价。他称赞围田"筑土作提，环而不断，内地率有千顷，旱则通水，涝则泄去"。圩田"虽有水旱皆可以求御，凡一熟之余，富国富民，无越于此"。他主张修复水利工程，通沟渠、蓄陂泽，以防水旱。他在书中具体介绍了利用闸门、机械提水、渡槽、连筒、陂栅（水坝）等多种工具的引水提水方法，并主张把航运、水产养殖、利用水力与灌溉结合起来。王祯还研究改进了水利机具，如在龙骨水车的基础上设计了"水转翻车""高转筒车"，一级提水可高达 10 丈。王祯还很重视农政和水政问题，他认为，农政最根本的是在于动员更多的人从事农业和水利，最大限度地开发利用土地，并以此来发展农业生产。

元明清时期的主要水利著作

明清以来水利著作大量增加，占现存水利专书的 90% 以上。一方面是因为年代较近，图书易于保存；另一方面也是随着全国经济和文化的发展，水利建设愈益普及，记载更为详备，水利著作在水利实践中的指导作用更为重要，因此在数量和质量上都远远超过前代。明清水利文献的新特点就在于系统汇编的水利文献资料、水利管理专书以及水利图说。

1. 《河防通议》

《河防通议》是元代赡思（清代改译为沙克什）在北宋沈立所著的《河防通议》和金都水监所著的《河防通议》的基础上合编而成的。此书内分六门：河议第一，概括介绍治河起源、堤埽病例和信水名称、各种波浪名称、辨土脉和河防令等；制度第二，介绍开河、闭河、定平（水平测量）、修岩、卷埽等方法；料例第三，介绍修筑堤岸、安设闸坝以及卷埽、造船的用料定额；工程第四，介绍修筑、开掘、砌石岸、筑墙及采料等工作的计工法；输运第五，介绍各类船只装载量、运输计工、所运物料体积及重要的估算的计工等；算法第六，举例说明计算土方和用料数量等。该书反映了宋元时期的技术水平，是现在能见到的记载具体河工技术的最早著作。

 2. 《至正河防记》

《至正河防记》一书由欧阳玄所著，介绍了元代贾鲁治河的工程措施和河工经验。书中介绍了以下几个方面的河工经验：

（1）疏、浚、塞相结合的河工策略。疏、浚、塞这三种方法，是我国劳动人民在与黄河灾害作斗争的过程中总结出来的。但是过去人们常把三者看作是互相排斥的。到了贾鲁治河时期，他则根据河性变化、流势复杂的特定情况，把三者结合起来用于治河实践中。欧阳玄认为，浚河不仅是为了消极地清淤，而是要使河性顺畅，使河身有一个既能容纳河水，又不至于散漫不可制驭的适当宽深；疏导也不单是为了减少主河的压力，而是要制服其旷散漫狂，把水导入正河；堵决也不单纯是消极的塞口，而是为了抑其狂暴。

根据这些理论，贾鲁在治河时则注意整顿河身，裁弯取直；在堵口时注意堤防坚固，治河堤加埽保护，修筑刺水堤挑流杀怒，以减少河水冲击。贾鲁比较明晰地运用了前人的经验，并从理性升华为理论。由此可见，把疏、浚、塞三种方法结合运用应当被看作是对河工理论的发展。

（2）决口分类。根据河流溃决的不同情况，人们将决口分为奚谷口、决口、龙口三类。其目的主要是根据不同情况，采用不同的方法进行堵口。对于奚谷口，用"置椿木草土相兼"的方法加以补筑堵塞，这比一般只用土修堤补堤的方法要严格得多。对于决口，比奚谷口的堵塞要复杂一些，有的用沉船的方法加以堵塞，有的用埽台的方法加以堵塞，然后前后堵漏，有的重要决口段堵塞后，"修堤三重"以确保以后的安全。而在其中，龙口的堵合技术要求和难度要比决口高得多。

（3）堤工与埽工技术。这种技术是将堤分为刺水堤、决口堤、护岸堤、缕水堤、石船堤数种，将埽分为岸埽、水埽、龙尾埽、栏头埽、马头埽等几

161

类。这些不同名称的堤和埽，除了表示它们作用的不同之外，对其施工的要求也各不相同。

 3. 《农政全书》

《农政全书》的作者是明代著名的科学家徐光启，是一部农业科学的巨著。该书在水利方面的主要内容有：水利总论、西北与海河流域水利、东南水利、浙江水利、海塘与滇南水利、利用多种自然水体的工程方法、灌溉提水机械图谱、水力机械图谱、西方水利技术介绍等，是总结此前我国最高水利科技成就的杰出代表。这本书在水利科技方面的成就突出表现在对农田水利方面的真知灼见，逐渐归纳出一整套自成体系的农田水利理论。

（1）提出水利是农业的根本这一精辟论断。徐光启说："水利，农之本也，无水则无田矣。"意即水利是农业的根本。他认为，国弱民穷是由于农业衰落，而农业衰落是水利失修的结果。水，"弃之则为害，用之则为利"，所以，大力兴修水利是十分重要的。

（2）提出全面的水资源开发利用方法。徐光启提出了"用水五术"，即采用不同的工程手段和水利机械，因地制宜地利用源头水、江河支流水、湖泊水、河流尾闾与潮汐顶托水、打井与修塘筑坝所得水，以充分有效地调节、利用地上和地下的水资源。

（3）力主开发北方水利。元、明两代，国家耗费大量的人力、物力、财力，通过京杭运河的漕运来解决首都北京的给养问题。徐光启力主开发北方水利，使北方自给自足。他说："漕能使国贫，漕能使水费，漕能使河坏。"主张优先利用北方的水资源来开发京津地区的农田水利。

（4）高度重视测量技术。他曾积极推崇郭守敬从事大规模水利地形测量的做法，主张开展审慎的水工测量作为水利工程建设的依据。此外，徐光启在黄河、海河的治理及

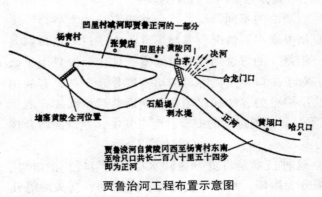
贾鲁治河工程布置示意图

其与农田水利的关系、北方农田灌溉技术、围湖造田的利弊等诸多问题上都有精辟的见解。他的水利测量经验和方法集中体现在《农政全书》的《量算河工和测量地势法》一节中。

4. 其他水利著作

《明史·河渠志》，由清人张廷玉等撰，清乾隆四年（1739 年）成书，记载了明洪武初至崇祯末（1368—1644 年）的水利史料。全书共分六卷宗：黄河占两卷宗，运河、海运占两卷，淮、沁、卫、漳、沁、滹沱、桑干、胶莱河共占一卷，直省水利占一卷。此书虽是了解明代水利的基本文献，但疏漏太多，过于简略，也只能是对明代全国水利建设的一个大概了解。

《河防一览》，为潘季驯所著，万历十八年（1590）成书，收录了作者四任总河的治河经验、基本指导思想和主要施工措施，包括治河奏议、修守事宜等，共 14 卷。该书系统地阐明了"以河治河、以水攻沙"的治河主张，提出了加强堤防修守的完整制度和措施。万历八年（1580 年），潘季驯的僚属曾把当时的河工奏疏和别人对潘氏的赠言汇编成表，名《宸断大工录》，共10 卷。之后潘季驯自己将其重编、增补成书。潘季驯治河奏疏共 200 余道，其中重要的 41 道被选入《河防一览》中。

《治河方略》，原名《治河书》，靳辅（1633—1685 年）著，于康熙二十八年（1689 年）成书。1767 年由崔应阶将 8 卷原书进行增删重编，刊印时封面署《靳文襄公治河方略》，共 10 卷，简称《治河方略》。全书不仅包括川渎、泉、湖、漕运、河决、治理等内容，还包括相关奏章。重编本除保留原书所附张霭生记述的陈潢《河防述言》外，还附录了朱之锡的《河防摘要》。

《水道提纲》，系清代齐召南著，1761 年成书，共 28 卷。该书专叙水道源流分舍，按海水、各省诸水、西藏、漠北、东北诸水和西域诸水。全书以巨川为纲，各支流为目，故曰提纲，内容条理清楚、精确。全书实际是仿照《水经注》，是为纠正《水经注》缺点、错误而作，因此，也被称作为新版《水经注》。

《清史稿·河渠志》，由赵尔巽等撰，1927 年基本完成，共 4 卷，该书对大量分散资料初步作了整编，对简要了解清代水利基本情况有一定参考价值。该书记述清代 268 年间（1644—1911 年）全国水利史事，编排顺序是黄河（卷一），运河（卷二），淮河、永定河、海塘（卷三），直省水利（卷四）。

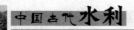
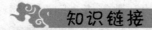

《徐霞客游记》中的水利考证

　　《徐霞客游记》的作者是明代徐霞客，主要记述作者 1613 年至 1639 年旅行时观察到的地理、水文、地质、植物等情况。在这部著作中，徐霞客对长江、南盘江、北盘江、湘江、潇江、漓水、桔阿河、澜沧江、潞江、礼社江、龙川江、麓川江等进行了认真的研究考证，撰写了《江源考》和《盘江考》，首次提出长江正源是金沙江而不是岷江的观点，纠正了传统的"岷山导江"的错误论断。他指出北盘江正源是可渡河，南盘江正源是交水，纠正了《大明一统志》的错误记载。他在系统考察西南石灰岩地貌的基础上，对石林、地下河、圆洼地、落水洞等喀斯特地貌作出了正确解释，比欧洲早一个世纪。他还提出"江流击山，山剥壁"的科学论断，对火山、温泉也作了正确的说明。

第四节
特色鲜明的漕运文化

　　黄河流域和长江流域不仅是我国古代漕运的主要干线，更是中华文明的两大摇篮。优越的地理环境和气候条件不仅养育了优秀的华夏子孙，还孕育了各具特色的灿烂文化。漕运的发展促进了南北方人民的交流，不同文化的交流与传播也在漕运的过程中不断进行着。漕运不仅是中华民族的物质给养的互换，也是传播文化和民族间交流的重要渠道。

几千年的历史长河流淌着中华民族的文明，千年的漕运史也散发着浓厚的文化气息。民族与文化之间的碰撞、融合和演进，从而形成了特色鲜明的漕运文化。多姿多彩的民俗风情、丰富精美的饮食文化、精巧美观的艺术、经久不衰的音乐戏曲和朗朗上口的诗文，它们相互辉映，共同构成了一幅绚丽多姿的精美画卷。

丰富多彩的民俗风情

漕运不仅为城市的发展提供了所必需的物资，它也将各处的文化在大范围内进行了传播，从而使各地间的文化得以交流发展。漕运不仅孕育了城市，还孕育了漕运沿岸特有的民俗风情。民族的融合与杂居使风格各异的民俗习惯相互碰撞，最终形成了多姿多彩的民俗风情。正如承载漕运的水一样，依水而生的民俗风情也如一汪清新的泉水，滋养了漕运沿线一代又一代的人们。

漕运应水而生。提到水，人们便会不自主地联想到鱼和船。由于漕运沿线多为渔民居住，渔民的民俗风情之中必定少不了鱼和船。

在捕鱼前，渔民一般会备用打鱼所必需的渔船和渔具。为博得一个好彩头，参加捕鱼活动的渔户会聚集在一起会餐，以预祝此次出行能够满载而归。捕鱼归来，渔民在售鱼的时候往往会在船头用草秆挑起一件衣服以示有鱼出售，买家则会在船头放一个底朝下的空篮子表示要买鱼。渔民傍水而居，以鱼为食，日常的经济来源也都是依靠打鱼。为图吉利，渔民往往会避免使用一些与"翻"同音的字。如帆船就被称为"篷船"，吃鱼吃掉一半后要翻转过来绝不能说"翻过来"，要说"转过来"或"滑过来"。

渔船是渔民捕鱼时必不可少的工具，甚至有些渔民以船为家，因此，当地关于船的习俗也非常多。新船在使用之前往往要举行一个隆重的下水仪式。渔船在出售时想要出售渔船的船家往往不会打出出售的字眼，而是在船头立一根草秆，秆顶编一个草圈。这样，买家便会明白船家的意图了。

除了有关鱼和船的风俗，漕运沿线的地区还有一些与水和漕运有关的庆祝性节日。如通州、天津、无锡等地至今仍保留着中元节放河灯的习俗。在通州，每年的四月十五日这天都会庆祝"开漕节"，举行祭祀河神的仪式。这一节日原是由官府主持的，由于节日热闹非凡，渔家逐渐将其保留，最终成为民间的节日。

因为与水相关，所以在漕运的过程中人们总会遇到一些因水引起的灾难，

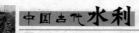
正所谓"水能载舟，亦能覆舟"。人们想要消除灾难、消除对水的恐惧却没有办法的时候，往往就会赋予这种愿望以精神的寄托。如祭祀河神、祭祀龙王等活动，都是人们缘水而生的信仰。为了方便这些祭祀活动，官府和民间在漕运沿线修建了许多河神庙。渐渐地，这种祭祀活动也演化为人们繁重劳动之余的一种娱乐活动。

漕运不仅贯通了我国的五大水系，还跨越了我国不同的风俗文化区。各地区文化交往的频繁，使各地的民风也发生了变化。漕运首先带来了商品经济的繁荣，为人们带来了丰厚的回报。因此，漕运地区的人们往往受到商业利益的驱使，对商业的看法也发生了根本性的改变。古时中国本是"重农抑商"的国家，但在漕运沿线地区却掀起了崇商的风气。漕运使沿线城市的经济飞速发展。漕运沿线的城市聚集了大批的富商绅豪。部分富商和绅豪的奢靡习气，间接地推动了社会上的奢靡之气。

中国自古就是崇文尚武的国度，漕运使镖行盛行。镖行的盛行激发了漕运沿岸人们的习武之气，男女老少皆习武，为武术的发展提供了良好的人文环境，许多地区还成为远近闻名的武术之乡。南北的交流使北方的文化不断传播到江南，带动了江南习文之风，儒学盛行。江南地区历年考取的进士乃至状元不计其数，而这更是增添了江南人民舞文弄墨的积极性。

丰富精美的饮食文化

漕运所经地区不仅地理条件与人文环境不同，各自的饮食文化也不尽相同。随着漕运活动的开展，南北之间的交流日益频繁，南北方特有的饮食习惯也得以相互交流。在南北饮食交流过程中，除了传统的地方美食外，人们还不断推陈出新，因此，漕运沿线都有着丰富多样的饮食文化。

漕运沿线物产丰饶，几乎每处都有独具一方特色的招牌美食。除了各地丰富精美的小吃，漕运还促进了菜系的发展，最为著名的要数中国四大菜系中的鲁菜和淮扬菜了。

山东简称"鲁"，鲁菜是山东地区的特色菜。山东地处温带，适宜的气候孕育了种类繁多的水果和蔬菜。山东境内湖泊和河流较多，三面邻海，因此鱼、虾等海产品丰富，鱼虾鲜蔬为美食的烹饪提供了足够的物质基础。漕运开展以后，随着运河的开凿，山东的饮食风格也被分为济南风味和胶东风味。

渔船

比如胶东由于地理位置近海，因此以烹制海鲜见长；济南风味则以汤见长，味道清香鲜嫩，素有"一菜一味，百菜不重"之称。

漕运不仅改变了江南地区的格局，最关键的是江南的许多城市也逐渐发展起来。城市的繁荣无疑会使人们的生活水平提高，对饮食也更为讲究。扬州和淮安一带便逐渐形成了精美的南方饮食文化——淮扬菜系。明清以前，扬州和淮安的饮食各有自己的体系。到了明清时期，淮菜和扬菜开始相互渗透、逐渐融合，并融南北风味于一炉，最终形成了享誉盛名的淮扬菜。淮扬菜的特点是选料严谨、制作精细、讲究刀工、追求本味，多以水产为料，味道追求清鲜平和。明清时期，扬州与淮安一带官商众多，文人墨客会集至此，从而促进了淮扬菜系的繁盛。

除了精美的饮食文化外，漕运还将江南的美酒和名茶运输到全国各个地区，从而促进了酒文化和茶文化的发展和传播。一时间，饮酒作诗、饮茶品茗成为整个社会的风尚。

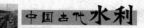
精巧美观的水利艺术

漕运沿线地区城市商业发达,南北间的贸易往来频繁,促进了工艺美术的发展。漕运有如一条河流,成为南北的书画美术艺术的纽带,为后世留下了许多不朽之作。其中,书画艺术与建筑艺术在众多的工艺美术中最为著名。

从历史上看,隋唐时期是继魏晋南北朝时期之后我国书画发展史上的又一重要时期。这一时期运河地区最为著名的书法家有虞世南、褚遂良和张旭等,著名的画家有擅长人物画的郑法士和以山水画见长的张璪等。宋朝时期,成就最高、最为著名的书画大师是米芾。除米芾以外,宋朝运河地区的著名画家还有宫廷画家刘松年、擅长山水画的夏圭、米芾的长子米友任等。元朝时期运河地区最著名的书画大师就要数赵孟頫了。

明清时期,漕运沿线地区出现了更多的书画名家和名作。影响较为重大的流派主要有"吴门画派"和"扬州画派"。

"吴门画派"又称"吴门四家"或"明四家",主要由沈周、文徵明、唐

帝王游幸龙舟

寅、仇英四人组成。他们在书画艺术上独具风格，开创了一代新风，当今还能为世人所见的传世大作有《庐山高图》（沈周）、《江南春》（文徵明）、《秋风纨扇图》（唐寅）和《兰亭修图》（仇英）等。

"扬州画派"是指久居扬州以卖画为生的职业画家，由于这一画派是由金农、黄慎、郑燮、李鳝、李方膺、汪士慎、高翔、罗聘八人组成，又有"扬州八怪"之称。这八位画家作画时喜欢打破常规，推陈出新，因此在画坛上独树一帜。由于这派画家的画清丽脱俗，因而受到扬州新兴的工商士人的推崇，也不断为后世画家所传承。

漕运的发展繁荣了商品经济，因此，市井文化也逐渐繁荣起来，出现了许多反映运河市井风情的画作。此外，漕运的发展还带动了民间绘画和雕刻艺术的发展，有许多极具文化价值的民间艺术都流传了下来。

作为一座桥梁，漕运不仅在经济和文化上沟通了南北，促进了信息的传递与人口的流动，还发展了意蕴隽永的建筑艺术。

北京是北方漕运城市的代表。作为几代都城所在，北京的建筑风格多以宫殿为主。最为著名的故宫地处威严的北京城，占地面积很广，宫殿内房间众多。宫殿内外所用楠木支柱和金砖、青砖等建筑材料都是经漕运路线由各地运到北京城的，因此，北京也被称为"漂来的北京城"。

除了封建帝王居住的寝宫，历代帝王在巡游江南的时候还在各处修建临时行宫。这些宫殿也是金碧辉煌，雕梁画栋，极尽奢侈，成为具有代表风格的建筑艺术。南北方的园林艺术也是古代遗留下来的最宝贵的文化遗产。北京的园林艺术多以气势宏伟、规模宏大的皇家园林著称，奢华中透着严肃与尊贵。著名的颐和园是北京现存最完整的皇家园林，几乎集中了全国各地园林艺术的精华，有湖有山，景色如画。江南的园林似小家碧玉，颇有些婉约的风范。精巧玲珑的苏州园林虽然在面积上要远远小于北京的园林，但是在布景、结构和层次上却独具匠心，让人感觉如在画中。

有河流的地方必定会有桥梁。漕运经过运河无数，从南到北大大小小的桥梁也在漕运的历史上扮演着重要的角色。

桥梁具有方便河两岸人民通行的作用。除了沟通的作用，还具有工艺美术的价值。就拿我国著名的园林城市苏州为例，城内就有大大小小的古桥十多座。最为代表性的是大运河最南端的拱宸桥，桥长 98 米，宽 5.9 米，桥面呈弧形，南北有台阶，是京杭大运河上仅存的古桥之一。它不仅是古时迎接

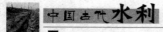
帝王的大门，也是古运河的终点。至今，仍有无数的船只穿梭于这座朴实无华的桥下，宛如古时浩荡的漕船穿梭在历史的长河之中。

经久不衰的音乐戏曲

从开始到兴盛，再到衰败，历经千年的漕运文化，对中国古代音乐戏曲的繁荣昌盛、南北戏曲文化的交流与传播起到了不可忽视的作用。从流传至今的一些文化戏曲之中，我们不难领略到运河和漕运文化独特的文化底蕴和经久不衰的文化魅力。

一提到运河、漕运和戏曲，人们首先想到的便是船工和他们富有节奏的号子。大运河的号子，属于民歌的一种特殊体裁，它是常年生活、工作在运河之上的河工船夫们口头创作的，与生产和劳动密切相关。船歌号子完全来自生活，不仅具有协调与指挥的作用，同时也可以缓解船工们漫长行船生活的清苦与单调；另外，也表现出一定的艺术价值。

除了这种船工"号子"之外，在明清时期，运河地区的民间曲艺同样也是丰富多彩的。这与漕运沿线城市的兴盛有着十分密切的关系，可谓是"沿河漂流的曲艺"。北京相声、山东大鼓、江苏徐州琴书、扬州评话、清曲等，形式多样，内容丰富，且大多被保留了下来，延续至今。明清时期运河沿岸的曲艺发展之所以较好，是因为地处运河的市镇交通便利，人口流动比较频繁，各地的艺人都会聚于此，南北曲艺有机会交融，这些都为民间曲艺的生存和发展创造了良好的条件。

提到中国的戏曲，人们很自然地就会联想到漕运所起到的作用和做出的贡献。唐宋时期利用漕运的兴盛使商品经济大力发展，从而带动了运河沿岸市民文艺的发展，促进了戏曲的最终形成。漕运河流也为戏曲的广泛传播和不断发展创造了便利的条件。宋朝之前的中国戏曲还处于一个萌芽的状态，到了宋代，戏曲首先在运河城市繁荣发展起来。金元时期，杂剧在中国的戏曲史和文学史上获得了不朽的地位。元代后，杂剧进一步发展到以杭州为中心的江浙地区。明清时期，昆曲的北上传播和"四大徽班进京"，促进了京剧的形成，漕运在这个过程中确实起到了不可忽视的作用。

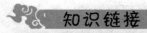

恩施白杨船工号子《上四川》

后园老杉树，九丈九尺长，四川来个巧木匠，打架船儿梭子样，船头挂起一面鼓，船尾挂起一面锣，鼓响三声立桅杆，锣响三声扯风帆，二十四根大桅杆，四十八个大桅片。

伙计们！拉上清滩、柳叶滩，要上四川！

朗朗上口的诗文

漕运沿岸发达的经济与便利的交通带来了文化的繁荣，因此，自然而然地出现了许多咏叹运河历史、描绘运河风情的诗文。

漕运沿线之上，历代文人频繁往来，饱览名胜风光，体察风土人情，写下了大量与运河相关的诗文。历代与漕运相关的诗文有咏叹运河历史的诗句，有描绘运河风土人情的词曲，还有记载运河开凿史实的诗词，多如繁星，不胜枚举，使人们充分领略到了千百年来漕运的历史变迁和文化风采。

比如唐朝诗人皮日休的一首《汴河怀古》："尽道隋亡为此河，至今千里赖通波。若无水殿龙舟事，共禹论功不较多。"就从客观上赞扬了隋朝大运河的历史作用。白居易的《长相思》："汴水流，泗水流，流到瓜洲古渡头。吴山点点愁。思悠悠，恨悠悠，恨到归时方始休。明月人倚楼。"借运河水流道出了相思之情。而隋炀帝时的《挽舟者歌》中："我兄征辽东，饿死青山下。今我挽龙舟，又困隋堤道。"这首古诗不仅刻画出了民工修筑运河的艰辛，同时也记录下了官府奴役下人民生活的艰辛。

漕运孕育了无数的诗文，以漕为诗，容量虽小，却记录了漕运千年的发展；以漕为诗，诗文虽短，却道尽了历代王朝的兴衰。这些诗文无论是缠绵

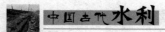

婉转的，还是闲雅幽远的；无论是慷慨激昂的，还是沉郁顿挫的，都是后人取之不尽、用之不竭的文化瑰宝。

第五节
中国水利史人物

禹：治水显奇功

禹是大约公元前 2000 年前的古代部落联盟领袖，传说中治理特大洪水的领袖人物。先秦文献中记载着尧舜时期发生全国性特大洪水，禹治水成功的传说。禹以前有共工和禹父鲧奉尧帝命治水，都因单纯堤防壅堵失败，舜帝驱逐了他们，改命禹治水。禹走遍全国，因势利导，改以疏导为主，开九川（九指多数）通海。禹因治水有功，受舜禅位为部落联盟领袖，为中国第一个王朝——夏朝奠定了基础。

禹的事迹对后世治水影响深远：（1）大禹治水鼓舞了中国人民可以战胜洪水灾害的信心；（2）他治水 13 年，三过家门而不入，其勤劳奉公精神为后人所效法；（3）他的因势疏导之法，值得借鉴。而事实上，禹所做出的功绩应是古代劳动人民长期治水的综合成果。

李冰：蜀堰千古永流传

李冰，战国时期人，秦昭襄王末年（约公元前 256—前 251 年）为蜀郡守，并且为岷江流域兴办了许多兴水利除水害的工程。李冰最大的治水功绩，是在岷江进入成都平原处"壅江作堋"，创建了都江堰引水工程。《华阳国志》记李冰设三个石人立水中测量水位，上刻"水乾毋及足，涨毋及肩"，年

李冰父子塑像

中水量以此为度。这是见诸记载最早的水则。关于李冰治水的传说，后人有各种增加的记载，东汉以后不断有所增附。唐代导江县（今灌县）已建李冰祠。北宋开始流传李冰之子李二郎协助治水的传说。1974 年，在灌县岷江（外江），发掘出一座东汉建宁元年（168 年）雕刻的李冰石像。四川民间习称李冰为"川祖"。自然而然地，李冰也成为都江堰百姓所崇拜的神灵。

王景： 治理黄河拯万民

王景，字仲通，书上评论他"广窥众书，又好天文术数之事，沈深多技艺"，是个学识渊博的学者。他尤其擅长水利工程技术，"能理水"，而且在从事治黄之前，他已经积累了修治汴渠的成功经验。他对于治黄的利害得失有较深入的了解，所以当汉明帝接见并问及治河问题时，他能对答如流，遂被委派主持治河。这次治河规模相当大，动员了数十万人参加，施工整整一年时间，所花经费以百亿计，工程终于顺利完成。这就是历史上著称的王景治河。当时的背景是这样的：公元 11 年黄河在魏郡决口，初决时未筑堤约束，洪水在"清河以东数郡"泛滥横溢。由于以往"平帝时，河、汴决坏，未及

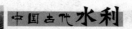
得修"，以致当时"侵毁济渠，所漂数十许县"。黄河的洪水入侵济水和汴渠后，就导致这一带内河航道淤塞，田地村落被洪水吞没，其中兖州（相当今河南北部，山东西部一带）、豫州（相当于今豫东南、皖西北）受害尤重。对待黄河南摆，黄河南北地方官持不同态度，南方主张迅速堵塞决口，使黄河北归，而北方则赞成维持南流现状。建武十年（公元34年）有人提议治河，但由于南北互相掣肘，因此并未真的实行。此后河势更加恶化。汴渠受冲击，渠口水门沦入黄河，而兖豫地区老百姓大受水害，民不聊生，纷纷指责统治阶级不关心人民死活。在人民群众的压力下，永平十二年（公元69年）东汉王朝决定派王景治理黄河。

邓艾：水利营田白水塘

邓艾（197—264年），字士载，三国后期魏国的将领，义阳郡棘阳（今河南新野东北）人。少年时期的邓艾就酷爱军事，常常独自研读兵书战策，学习行军布阵之法。后来，邓艾的品学终于得到司马懿的赏识，先任邓艾为掾属，后被封为尚书郎。为壮大曹魏的军事实力，他在淮河流域推行了大规模的水利营田。

从正始二年（241年）开始，屯军5万人，淮北2万人，淮南3万人。淮南"遂北临淮水，自钟离而南，横石以西，尽批水四百余里，五里置一营，营六十人且佃且守"。今凤阳、定远以西至霍丘各陂塘都开发利用过。《水经注》淮水篇之穷水"流结为陂，谓之穷陂。塘堰虽沦，犹用不辍，陂水四分，农事用康"。《水经注》当中所提到的穷水即指当今的城西湖水。芍陂附近还有阳湖、横塘、死马塘等也见《水经注》，也应当属于这一范围。梁中大通六年（534年）夏侯夔"帅军人于苍陵立堰，溉田千余顷，岁收谷百余万石……"苍陵在今寿县以西，颍水口之东，是芍陂灌区的一部分，也可能是曹魏时的旧迹重开。邓艾水利营田最著名的水利工程白水塘，周围长有125千米，设有8座斗门，可灌田1.2万顷。

姜师度：两眼青天，一心穿地

姜师度（653—723年），唐魏州（今河北大名北）人，曾任易州刺史、御史中丞、大理卿、司农卿、陕州刺史、河中尹、同州刺史、将作大匠等职。"勤于为政，又有巧思，颇知沟洫之利"，在初唐甚有政声。

唐神龙年间（705—707年），姜师度在易州刺史及河北道监察兼支度营田使任内，在蓟门之北引水为大沟，以防奚人及契丹入侵。后来又考魏武帝曹操修渠旧事，"傍海穿漕"，修平虏渠，避开了海运艰险，使中原腹地至北疆前线的粮运得以畅通无阻。唐开元元年（713年），姜师度改任陕州刺史。到职后，他看到州西太原仓虽距黄河不远，但常需用车载米至河边，然后登舟西运关中，颇费人力。他根据地形地势，率众开挖了地道，仓米"自上注之，便至水次"，节省了大量人力物力。开元二至四年，他又在华阴县境开敷水渠，"以泄水害"。此方法之后，他又在郑县疏修利俗及罗文灌渠，并以此引水溉田；建堤于渭水之滨，以防漫溢。

开元六年（718年），蒲州改河中府，姜调为河中尹。辖境原有安邑盐池，年久渐形涸竭。师度经过考察，"发卒开拓，疏决水道，置为盐屯"，公私享其利。开元七年（719年），再迁同州（治所在今陕西大荔县境）刺史，又于"朝邑、河西二县界，就古通灵陂择地引洛水及黄河水灌之，以种稻田，凡二千余顷，内置屯十余所，收获万计"。

《旧唐书》对姜师度赞之称："师度既好沟洫，所在必发众穿凿，虽时有不利，而成功亦多。先是，太史令傅孝忠善占星纬，时人为之语曰：'傅孝忠两眼看天，姜师度一心穿地。'"

郭守敬： 勘查河道兴水利

郭守敬（1231—1316年），字若思，顺德邢台（今河北邢台市）人，元代杰出的科学家，至元八年（1271年）任都水监。1275年，郭守敬通过查勘泗水、汶水、卫河等水道的形势，并将结果绘制成图然后上报。他重视数据的收集与测量工作，组织领导进行了南北5500千米、东西宽3000多千米范围内的晷影测量，定出全国27个测点的纬度。至元二十八年（1291年）郭守敬查勘滦河与卢沟河（今永定河）后，提出兴修水利的11项建议，复任都水监。他规划设计的通惠河工程，较好地解决了水源和运河上的闸坝问题。打通了京杭运河的全线，江南漕船可直接驶入京城。郭守敬前后提出二十几

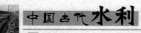
条兴修水利的建议，治理河渠泊堰几百所。当时人们认为他在水利、历算、仪象制度三方面的学问是人所不及的。

徐贞明： 兴利除害论水利

　　徐贞明（约 1530—1590 年），字孺东，一字伯继，江西贵溪人，明代后期倡导海河水利的代表人物。徐贞明认为，因为首都在北京，赋税于东南，每年从江南一带通过运河运输数百万斤粮食北上是很大的浪费。为了减轻这一负担，必须发展海河流域农田水利，以提高农产量。于是他上书论水利，认为"水聚之则为害，散之则为利"，主张在海河上游开渠灌溉，下游开支河分泄洪水，低洼淀泊留以蓄水，淀泊周围开辟圩田，则水利兴而水害除。这一建议未被采纳，并因此事被贬官。其著《潞水客谈》，进一步阐述自己的见解，认为在北方兴修水利有 14 条好处，逐步推行，不难成功，驳斥反对意见并提出具体办法。所著《潞水客谈》当时颇流行，万历十二年（1584 年）即有人重印。万历十三年（1585 年）徐贞明被任命为尚宝司少卿，受命兴修水利。他先踏勘京东地区水源，并选择永平府（治今卢龙县）一带试行，次年即得到水浇地 39000 多亩。取得经验后，他又履勘海河流域各地，准备推广，但由于豪强权贵的反对和谏官的弹劾，工程被迫停止。

知识链接

徐光启

　　徐光启（1562—1633 年），字子光，号玄扈，上海人，明代末年著名的科学家。虽然徐光启一生中有近 30 年的从政经历，官至大学士，但他的主要贡献和成就却在科学研究这一领域。他在天文历算、数学、机械制造等方面均有建树，而平生钻研最多、成就最大的是农学和水利学。

水利方面，他强调对水资源的综合利用，重视水利测量，认为审慎的测量是规划工作的客观依据。徐光启指出，对于一个国家来说，水和土是重要的资源，农业是国计民生的根本，而水利又是农业的根本。要使国家富强，必须发展农业和兴修水利，并且治水要和治田相结合。他认为发展水利不仅能够抗旱除涝，而且可以调节地区气候，把水散布在农田沟洫中，还可以减少江河洪水的泛滥。对于水资源的利用，他提出要因地制宜。采取蓄水、引水、调水、保水、提水等技术措施，充分利用河湖等地面水，以及凿井、修水库等办法利用地下水和雨雪水。

徐光启的代表作是《农政全书》，70万字，其中收集关于西北水利、东南水利及浙江水利等重要文论多篇并附以自己的意见。《农政全书》还专写一节《量算河工和测量地势法》，详细介绍了河道和地形测量的仪器、施测步骤、计算方法、验收核实以及如何发现和制止可能出现的作弊现象等，可以作为当时的测量规范看待。他还根据王祯《农书》详列田间水利工程及水利机具，注意引进当时传入的西方技术，编成《泰西水法》。

陈仪： 一生治水力不辍

陈仪，文安（今河北省文安县）人，代表着清代前期治河水利治理的得力人物，康熙五十四年进士。京津冀在雍正三年（1725年）有70多州县遭水灾，陈仪辅助怡贤亲王允祥治水，先从低处下手，扩大洪涝入海去路。在其后数年中，京津冀地区有70多条水道，分别疏通故道和开浚新道，其中十之六七系陈仪勘定。雍正四年（1726年），陈仪以原职翰林院侍读学士带管天津同水利公文，奏稿都出自陈仪之手。雍正五年（1727年），分四局，陈仪主管天津局，统辖天津、静海、沧州及兴国、富国两盐场的水利营田工程，并兼管文安、大城等地的堤工。雍正八年（1730年），允祥去世，陈仪调任丰润诸路营田观察

使，先后在天津等地筑围开渠，引潮灌溉；在丰润、玉田等地营治水田。直到乾隆元年（1736 年）罢职回京，他仍关心海河水利，先后撰著《四河两淀私议》《永定河引河下口私议》等文。他还参加过雍正《畿辅通志》河渠水利等方面的编修工作，其成果有《直隶河渠志》《水利营田》等。

郭大昌：　百年难生一贤才

郭大昌（1741—1815 年），江苏淮安人，乾隆二十二年（1757 年）曾在江南河库道任贴书，人们由于他长期钻研河务，熟习河工技术，而将其称为"老坝工"。后来被淮扬道聘为幕僚。他一生"讷于言而拙于文"，秉性刚直不阿，曾经受到同行排挤打击，得不到重用，不得不辞官。

乾隆三十九年（1774 年）八月，黄河决清江浦老坝口，口门一夜之间"塌宽至一百二十丈，跌塘深五丈，全黄入运"，"滨运之淮、扬、高、宝四城官民皆乘屋"，形势十分严重。当时江南河道总督吴嗣爵"悚惧无所措"，不得不请郭大昌来帮助堵口。因郭大昌对口门情况了解，心中有数，他对吴说：要我来堵口，工期可缩至 20 天，工款可减至 10 万两左右。原计划堵住决口需要 50 天，50 万两银子。但要求施工期间，只需官方派文武汛官各一人，维持工地秩序，料物钱粮由他负责支配。结果如期合龙，仅用银 102000 两。

嘉庆元年（1796 年）二月，黄河又在丰县决口，主管堵口的官员计划堵口用银 120 万两，江南河道总督兰第锡亦感要钱太多，想减少一半，乃商之于郭大昌。郭说：堵口用银只需 30 万两，其中 15 万两可作工料费用；余下 15 万两分给河工官员，亦不算少。他此举无情地打击了河工贪污的要害。

郭大昌与当时的学者包世臣很是友好，曾与包全面调查过黄、淮、运形势及海口情况，通过包世臣提出不少治河见解，多被采纳。包对大昌十分敬仰，他在所著《中衢一勺·郭君传》中说："河自生民以来，为患中国。神禹之后数千年而有潘氏（潘季驯）；潘氏后百年而得陈君（陈潢）；陈君后百年而得郭君。贤才之生，如是其难。"

林则徐：　防患未然，　修防兼重

林则徐（1785—1850 年），福建侯官（今福州市区）人，字元抚，号少穆、石麟。历任河东河道总督、江苏巡抚、署两江总督、湖广总督等职，因"虎门销烟"而闻名于世。林则徐在任职期间，重视兴修水利，在江苏的业绩最为著名。

道光四年（1824 年）秋，林则徐奉旨总办江浙两省 7 府水利，首先督促查勘吴淞江、黄浦江和浏河三江水道，拟就疏浚方案。后因母亲病故仓促奔丧，黄浦、吴淞两江疏浚工程由他人接办完成。道光十三年（1833 年）底，时任江苏巡抚的林则徐开始筹划浏河、白茆河挑浚事宜。道光十四年（1834 年）三月，两河同时挑浚。疏浚后的两河，因地势而导，成效十分显著，对当年江苏的大水和次年的干旱的防治起了重要作用。后又疏浚丹（阳）（丹）徒段运河和练湖。道光十五年（1835 年）初，林则徐筹划修建宝山、华亭两县临海一带海塘，疏浚了七浦、徐六泾之口昆山的至和塘、无锡太湖之茆淀，又在苏州三江口建造了宝带桥等。道光十六年（1836 年），林则徐主持疏浚了盐城的皮大河。

道光十年（1830 年）六月，林则徐受任湖北布政使。时值荆州大水，林则徐积极修筑堤防，并亲手为公安、监利两县制定《修筑堤工章程》10 条，作为修堤必遵的守则。道光十七年（1837 年）元月，林则徐被任命为湖广总督，仍竭诚致力于江汉安澜。为防止江汉洪水，林则徐提出"与其补救于事后，莫若筹备于未然"的治江策略。他十分重视江堤的修筑工作，认为"湖北地方半系滨河临汉，民生保险，全赖堤防"，应"修防兼重"。为此，他到任不久，即通令有堤各州、县将上年秋冬估修工段，限期整修，并由政府官吏加以验收。林则徐建立报汛制度，倡导募捐，筹集修防经费。在大汛期间，他由汉阳逆汉江而上，查勘和丈量两岸堤防，把堤防按类分为最险、次险和平稳三种，对最险、次险堤防加强培修。

张謇：　治江三论，　培养人才

张謇（1853—1926 年），字季直，江苏南通（今南通市）人，清光绪二十年（1894 年）状元。张謇是中国近代著名实业家，在南通地区兴办了许多利国利民的实业和文化教育事业；其后半生主要关注淮河与长江的治理，他认为导淮必先从查勘全流域和测量工作开始。1915 年 9 月，在高邮设水利工程讲习所，历时 5 载，先后培训 126 人，储备了水利工程人才，1919 年停办。

《江淮水利计划书》就是 1917 年张謇发表的，1918 年主持江淮水利局，同年发表《江淮水利施工计划书》，对"江淮分疏"作了修改，改为"七分入江、三分入海"，并兼治运河及沂沭河。在理论上这一修改科学地解决了淮河洪水的出路问题。1922 年，他在《敬告导淮会议与会诸君意见书》中指出："费氏（美国工程师费礼门，主张全疏入海）计划，固节而工捷，而实地之障碍，未易去除；寨氏（美国工程师寨伯尔，主张全量入江）之工用亦节而捷矣，但来水之数量与实际不符，根本上已不能适用。无已，惟有仍取江淮分疏之策。"新中国成立后的治淮实践证明，张謇的决策是基本正确的。

北洋政府于 1922 年 1 月 23 日决定设立扬子江水道讨论委员会，会长由内务部长高凌尉兼任，张謇等为副会长。1923 年 10 月 22 日，张謇被推举为长江下游治江会委员长。他主张"实行导治长江，宜从下游江苏省境内江流入手"，并发表《告下游治江会九县父老书》及《治江会代表启》。可惜因经费紧缺，仅测量了镇江至南通两岸地形。但张謇的"治江三论"对以后的治江规划有一定的影响。

张謇十分重视培育水利人才，除在通州师范设测绘科、土木科，办高邮水利讲习所外，经多方活动，于 1915 年成立了河海工程专门学校，培育出许多近代著名水利专家，例如须恺、汪胡桢、宋希尚等。

李仪祉： 近代治水第一人

李仪祉（1882—1938 年），原名协，字宜之，陕西蒲城县人。17 岁中秀才，清宣统元年（1909 年）毕业于京师大学堂，毕业后被派往德国皇家工程大学土木工程科攻读铁路、水利专业。他于 1912 年辍学回国，次年再度去德，途中考察了欧洲的一些江河，决心学习和钻研水利科学；1915 年学成归国，在南京河海工程专门学校任教至 1922 年，在校期间，编写了一批专著，还担任过扬子江水利委员会顾问工程师的职务。1936 年，李仪祉发表了《对于治理扬子江之意见》一文，对当时长江面临的主要问题及应采取的治江方针，作了重要阐述。他认为，长江治理工作的主要任务应是保护两岸农业，治江方针宜"以利农防灾为主"。李仪祉主张在上游找地方设水库，在中游利用江堤和两岸湖泽低地以消洪。

李仪祉于 1931 年倡议成立了中国水利工程学会，并连任 7 年会长，直至1938 年病逝。李仪祉毕生从事水利工作，留有各种专著、论文、计划、提案、报告等 200 余篇，其中有些水利论著，至今仍有借鉴意义，其代表著作见

《李仪祉水利论著选集》。1928 年秋，李仪祉任华北水利委员会委员长。1930 年回陕西任建设厅厅长，实施引泾工程。1932 年夏，完成泾惠渠一期工程，当年受益 50 万亩。1933 年秋其任黄河水利委员会委员长兼总工程师，提出了上中下游并重，防洪、航运、灌溉、水电兼顾的综合治理方案，加强对水文、气象、地质、泥沙等方面的研究，进

《黄河修堤图》

行水土保持实验，改变了过去局限于下游治沙的思想。李仪祉主持修建了"关中八惠"的灌渠，在天津还创建中国第一水工实验所。

图片授权

全景网

壹图网

中华图片库

林静文化摄影部

敬　启

　　本书图片的编选，参阅了一些网站和公共图库。由于联系上的困难，我们与部分入选图片的作者未能取得联系，谨致深深的歉意。敬请图片原作者见到本书后，及时与我们联系，以便我们按国家有关规定支付稿酬并赠送样书。

　　联系邮箱：932389463@qq.com

参考书目

1. 郭涛．中国古代水利科学技术史［M］．北京：中国建筑工业出版社，2013.

2. 付崇兰．运河史话［M］．北京：社会科学文献出版社，2011.

3. 江太新，苏金玉．漕运史话［M］．北京：社会科学文献出版社，2011.

4. 中国水利文学艺术协会．中华水文化概论［M］．郑州：黄河水利出版社，2008.

5. 陈绍金．中国水利［M］．北京：水利水电出版社，2007.

6. 中国水利水电科学研究院水利史研究室．历史的探索与研究：水利史研究文集［M］．郑州：黄河水利出版社，2006.

7. 孙光圻．中国古代航海史［M］．北京：海洋出版社，2005.

8. 郑连第．中国水利百科全书·水利史分册［M］．北京：水利水电出版社，2004.

9. 郑肇经．中国水利史［M］．北京：商务印书馆，1998.

10. 朱学西．中国古代著名水利工程［M］．北京：商务印书馆，1997.

11. 蔡番．我国古代水利［M］．北京：水利电力出版社，1985.

12. 郑连第．古代城市水利［M］．北京：水利电力出版社，1985.

13. 张含英．中国古代水利事业的成就［M］．北京：科学普及出版社，1957.

中国传统民俗文化丛书

一、古代人物系列（9 本）

1. 中国古代乞丐
2. 中国古代道士
3. 中国古代名帝
4. 中国古代名将
5. 中国古代名相
6. 中国古代文人
7. 中国古代高僧
8. 中国古代太监
9. 中国古代侠士

二、古代民俗系列（8 本）

1. 中国古代民俗
2. 中国古代玩具
3. 中国古代服饰
4. 中国古代丧葬
5. 中国古代节日
6. 中国古代面具
7. 中国古代祭祀
8. 中国古代剪纸

三、古代收藏系列（16 本）

1. 中国古代金银器
2. 中国古代漆器
3. 中国古代藏书
4. 中国古代石雕
5. 中国古代雕刻
6. 中国古代书法
7. 中国古代木雕
8. 中国古代玉器
9. 中国古代青铜器
10. 中国古代瓷器
11. 中国古代钱币
12. 中国古代酒具
13. 中国古代家具
14. 中国古代陶器
15. 中国古代年画
16. 中国古代砖雕

四、古代建筑系列（12 本）

1. 中国古代建筑
2. 中国古代城墙
3. 中国古代陵墓
4. 中国古代砖瓦
5. 中国古代桥梁
6. 中国古塔
7. 中国古镇
8. 中国古代楼阁
9. 中国古都
10. 中国古代长城
11. 中国古代宫殿
12. 中国古代寺庙

五、古代科学技术系列（14本）

1. 中国古代科技
2. 中国古代农业
3. 中国古代水利
4. 中国古代医学
5. 中国古代版画
6. 中国古代养殖
7. 中国古代船舶
8. 中国古代兵器
9. 中国古代纺织与印染
10. 中国古代农具
11. 中国古代园艺
12. 中国古代天文历法
13. 中国古代印刷
14. 中国古代地理

六、古代政治经济制度系列（13本）

1. 中国古代经济
2. 中国古代科举
3. 中国古代邮驿
4. 中国古代赋税
5. 中国古代关隘
6. 中国古代交通
7. 中国古代商号
8. 中国古代官制
9. 中国古代航海
10. 中国古代贸易
11. 中国古代军队
12. 中国古代法律
13. 中国古代战争

七、古代文化系列（17本）

1. 中国古代婚姻
2. 中国古代武术
3. 中国古代城市
4. 中国古代教育
5. 中国古代家训
6. 中国古代书院
7. 中国古代典籍
8. 中国古代石窟
9. 中国古代战场
10. 中国古代礼仪
11. 中国古村落
12. 中国古代体育
13. 中国古代姓氏
14. 中国古代文房四宝
15. 中国古代饮食
16. 中国古代娱乐
17. 中国古代兵书

八、古代艺术系列（11本）

1. 中国古代艺术
2. 中国古代戏曲
3. 中国古代绘画
4. 中国古代音乐
5. 中国古代文学
6. 中国古代乐器
7. 中国古代刺绣
8. 中国古代碑刻
9. 中国古代舞蹈
10. 中国古代篆刻
11. 中国古代杂技